更科 功-著 婁美蓮-譯

殘酷的人類演化史

適者生存，讓我們都成了不完美的人

残酷な進化論
なぜ私たちは「不完全」なのか

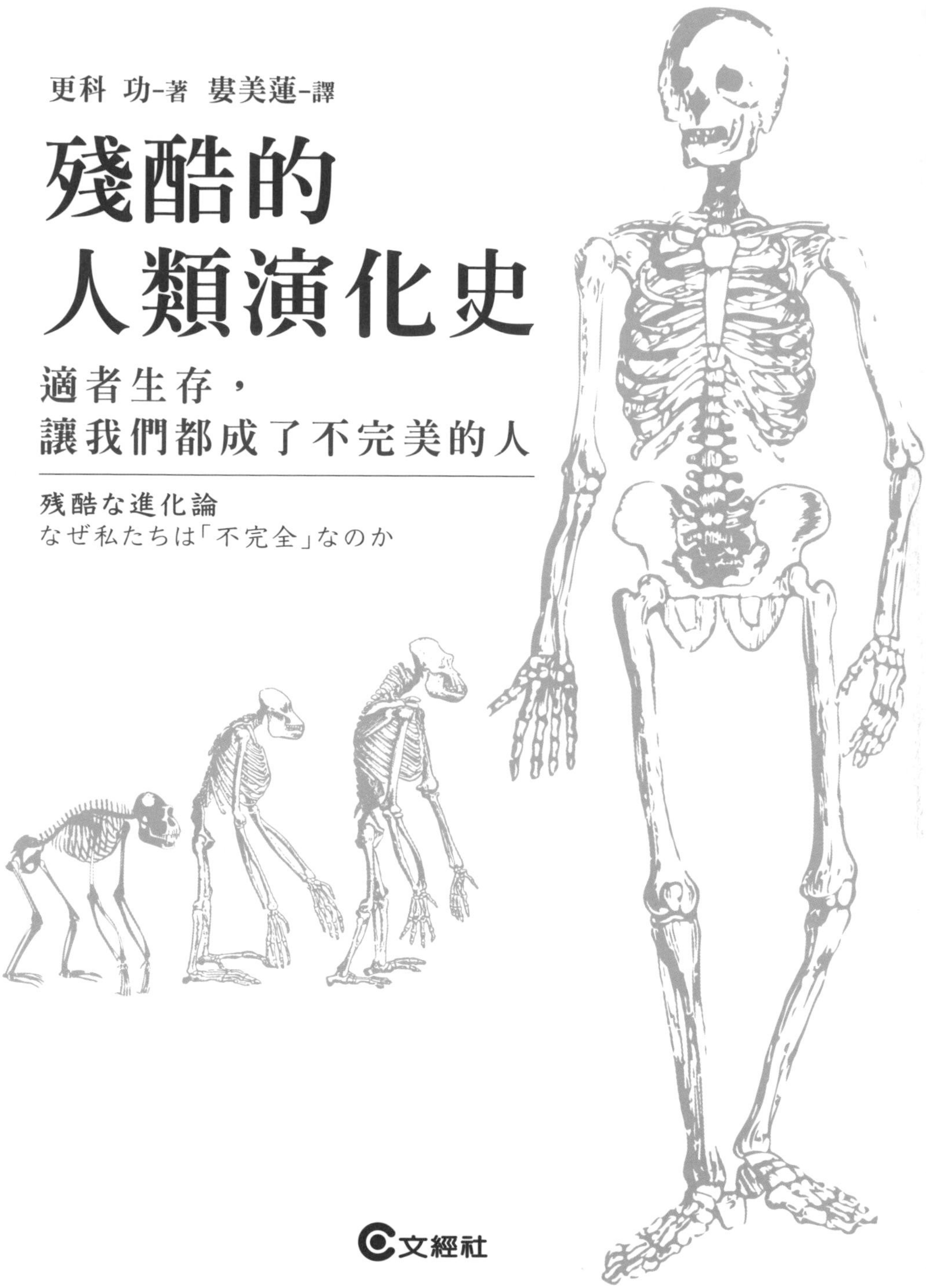

文經社

【推薦序】

一本關於演化觀念和生物學的趣味入門書

生物學算是相當年輕的科學，通常避免與宗教相犯，但有一個觀念，受某些宗教一百多年來持續的攻擊與排斥，這即是**演化**，以及其機制：**天擇**。演化理論經過一個半世紀的嚴格檢驗，已經達到與原子理論一樣堅實證據之支持，可當作確實發生的過程，不必冠以「論」字。所以，任何人若是想深入了解生物學，必然需要掌握演化這觀念，二十世紀前半，演化的新綜合論創始者之一，杜布然司基（Th. Dobzhansky）曾說過：「**若沒演化觀念來啟發，生物學就是一團矛盾**。」

日本作家更科 功這本書，雖然有奇怪之名，但是一讀後驚豔。首先，作者用颱風的增強與分裂，來比擬生物的生長與生殖，讓生物脫離神所創造的思想窠臼，回歸為大自然長期所累積的現象，當然生命現象除了生長及生殖外，還有諸如：代謝、遺傳、演化、社會性等等迷人特性。

其次，作者用呼吸空氣、心臟結構、視覺、氮排泄等生理機能，來比較各類脊椎動物分歧演化後，各機能的優劣，不但介紹了演化的比較動物生理學，也告訴我們，人類很多生理功能遠遠落後於其他動物，並不處於萬物之巔，這有助於讓人類脫離傲慢。

第三，作者指出人類演化上的缺陷，如：腰痛、難產等，正是人類群體為了適應環境及身體的變化，所生的諸多痛苦，現今新出現的演化醫學觀及文明病的概念，正指導新的研究方向，甚而提出解除痛苦的新方法。

作者幽默地介紹演化生物學內，很多基本知識及觀念，是大學及中學生、社會人士了解演化的優良讀物。

生物學博士
程樹德

前言

曾任職於某大企業，叱吒風雲的某人退休了。他想要發展事業的第二春，找上就業服務處（Hello Work），並透過介紹前往多家公司應徵。然而，他始終無法忘記自己在大公司的日子。

「這種條件叫人怎麼待得下去？開什麼玩笑，我可是○○○呀。」面試時，他忍不住說出了這樣的話。

最近，我讀到類似情節的小說，進而幻想起以下的場景：

時間來到三十世紀。地球上，太空旅行已是稀鬆平常的事，地球人也經常跟各星球的人合作交流。就在此時，巨大的隕石撞上了地球，眼看著地球就要支離破碎、蕩然無存了。所幸，隕石撞地球是事先就預料到的事，地球上的生物還來得及搬到其他星球居住。

像阿爾法星的人就接收了人類、蚯蚓，還有松樹這三個族群的生物。

「真是可憐啊！母星就這麼沒了，太悲慘了。」

一開始還深表同情、十分友善的阿爾法星人，日子久了，竟漸漸覺得地球的生物是個負擔。

「真是的，怎麼只會吃飯，一點事都不做呀？地球的生物，臉皮也太厚了。」

他們故意講得很大聲，想讓地球的生物自慚形穢。於是，松樹率先開始工作。松樹能行光合作用，把二氧化碳轉換成氧氣。阿爾法星人也是吸氧氣的，因此對松樹十分感謝。

「你看，人家松樹多勤奮呀！只要來到松樹旁邊，就可以呼吸到新鮮的氧氣，通體舒暢。相形之下，人類和蚯蚓一點貢獻都沒有，簡直是廢物。」

這下，感到無地自容的蚯蚓也開始工作了。蚯蚓在農地的土壤裡來回鑽動，使土質得到改善。

「你看，連蚯蚓也這麼努力。托蚯蚓的福，農作物的收穫量增加了。反觀人類還是一點用處也沒有。」

聽到這番話，人類生氣了。

「開什麼玩笑！你以為我是誰？我可是人類呀。想當年我在地球的時候，是何等的偉大，你們不知道吧？我比蚯蚓或松樹還要偉大好幾萬倍，豈可相提並論！」

於是，阿爾法星人皺起眉頭。

「那你說說看，有什麼是你會做，但蚯蚓或松樹不會做的？」

「多、多了去了。」

「你說說看呀？」

「喔，我想起來了，我會算數。這蚯蚓和松樹總不會吧？」

可是，阿爾法星人也會算術呀，結果，人類對他們還是一點用處也沒有。

地球上有形形色色的生物。其中，被稱為「智人」的人猿發展最為興盛。不過，這也只是現在的地球而已，要是換了個時空背景，是否也能如此呢？不，就說一百年後吧，會怎樣還未可知呢！

我們人類不在演化的頂點，也不在演化的終點，而是在演化的途中；這點對其他生物來說，都是一樣的。

任何生物都一樣，不管再怎麼演化，都無法達到完全適應環境的境界。長期盤據某地、適應得很好的物種，往往三兩下就被外來物種給驅逐了出去。所謂「完全」適應環境的物種，不過是個理想，是不切實際的幻想。所有生物（包括我們人類在內），都是「不完美」的產物。

我們總是把人類這個物種看得特別高，覺得自己與眾不同。這大概是因為人類的大腦比其他生物發達的緣故。但是，約四萬年前才滅絕的尼安德塔人[1]，他們的大腦就比我們的大，卻還是滅絕了；因此，大腦發達到底是好事、還是壞事？其實很難說。

人類一直在演化，然而，演化單單就只是變化而已，可能變好，也可能變壞。演化不代表就一定會進步，活著這件事並不帶有如此崇高的目的。當然，有些人必須要有崇高的目的，才得以活著，但這是出於生命的各自選擇。只是，對生物而言，活著本身就是個目的，人類如此，大腸菌也如此。

換句話說，人類並沒有特別偉大。「唯一」或許說得上，卻絕對不是「第一」。因此，自認為人類這個物種特別偉大的人，演化對他們而言，或許是殘酷的。因為，就自然演化而言，人類並沒有得到特殊的待遇。

1. 編按：尼安德塔人（Homo neanderthalensis）為舊石器時代的史前人類，其化石、史蹟多分布於歐洲大陸。出現時間大約智人相同，體型稍大，大腦也比智人大一些，但因多重原因而滅絕。

如果有一天地球真的沒了，你必須搬到其他星球去住……，你前往「宇宙一家親（**Hello Planet**）」尋求協助，他們卻不鹹不淡地對你說了一番話。性格溫和、脾氣好的你或許沒有當場發作，卻忍不住在心裡抱怨道：

「開什麼玩笑！你知道我是誰嗎？我可是人類呀，地球上最偉大的人類呀。」

這時，宇宙一家親的輔導員會說出怎樣的話呢？

我一邊想著這些事，一邊寫下這本書。

目次

序章　為什麼我們會活著？

活著有其目的嗎？

為什麼我們會活著？雖說總有一天會死，若可以的話，我們都希望活得久一點。但，為什麼我們會想活下去呢？這世上是否存在著「活著的目的」「活著的意義」……，這類的事物？

忽然問你活著的目的是什麼，恐怕沒幾個人回答得出來。那好，讓我們換個角度來思考。就拿和我們生物類似的東西來思考好了，譬如颱風。

颱風生成的機制非常複雜，必須具備好幾個條件。比如，熱帶空氣溫度升高，因為地球自轉的緣故，空氣呈逆時針旋轉，然後這個空氣還必須不斷攪動才行。

不過，就算這些條件全齊備了，颱風還是有可能來不及發展就消失了，大部分的情況皆是如此。只差幾分好運（或許對人類是件壞事），颱風就會發展成功。

一旦颱風生成，它會持續活動個幾天。颱風的平均壽命大概是五天，但其中也有持續活動長達二十天的颱風。颱風活動期間，水蒸氣會變成水，進而產生熱能，這熱能便是颱風主要的能量來源。

要大量產生水蒸氣，必須有溫暖的海水才行。換言之，颱風的能量來源其實就是海水的熱能。這熱能把四周的水蒸氣和空氣都吸納進去，颱風才得以成長茁壯。

換句話說，颱風的食物便是海水的熱能。藉由吸收海水的熱能，颱風得以活上幾日。不過，受到地球自轉的影響，颱風一旦北上，海水的溫度就會下降，於是，颱風的食物就減少了。

再者，颱風登上了陸地，就沒東西可吃。於是，颱風會越來越虛弱，直至消失不見。沒辦法再繼續進食，颱風也就活不下去了。

颱風也有「生命」

二〇一七年夏天生成的颱風五號[2]，因一分為二而聲名遠播。颱風五號在和歌山縣登陸後，慢慢沿著東邊逐步北上，撞上了從岐阜縣綿延至長野縣的山脈而分成兩半。

颱風只要有「吃飯」就能持續活動，就算分裂了仍有增大的可能。一直要到它無法進食了，才會消失不見。那，會不會有持續存活幾十年都不消失的颱風呢？地球上是不可能的，但在宇宙的某個行星上，或許有能不斷提供颱風能量的環境存在。

在那樣的星球上，海面上有無數個颱風。偶爾颱風會爬上陸地，撞上山脈而一分為二。分裂會讓颱風變小，但只要它再出來到溫暖的海域上，吸收熱能，就能長回原來的大小。這樣的狀況若長久持續下去，颱風會發生怎樣的變化呢？

話說，颱風也分做好幾種。說不一定，颱風旋轉的角度、本身的溼度，會讓颱風撞上山脈時的分裂方式有所不同。而且，旋轉的角度或溼度

2. 編按：國際定名為「諾盧」，以維持20日之久，成為西太平洋有氣象史以來第三長壽的強烈颱風。曾造成日本九州嚴重災難；於本州和歌山縣登陸後，才轉為輕度颱風。

從分裂前延續到分裂後的可能性也非常高。

換句話說，容易分裂的颱風，它的後代也容易分裂，而不容易分裂的颱風，它的後代也比較不容易分裂。這裡的颱風後代，指的是分裂之後的颱風。

再者，假設旋轉的角度或溼度，也會影響到熱能的吸收，那麼，容易吸收熱能的颱風，應該會發展得比較快。當行星的環境產生變化，譬如，溫度下降什麼的，這時能夠存活下來的，肯定是容易吸收熱能的颱風。

於是，不易分裂的颱風數量會越來越少，容易分裂的颱風則越來越多。不易吸收熱能的颱風減少，容易吸收熱能的颱風增加。換句話說，颱風演化了。

雖然不知道事情的發展是否真能如此順利，但我們先假設就那麼順利好了。於是，該行星上住了無數個颱風。海面上，同時有好幾個颱風在活動，吸收海水的熱能。吸飽熱能的颱風活力充沛，移動的速度更快，力道更猛。偶爾颱風會停止吸收熱能，登上陸地，撞上山脈而分裂。然後，它產下的颱風後代，又會離開陸地來到海面上，開始吸收熱能。然後，這後代逐漸長大，發展成成熟的颱風。

這颱風應該沒有什麼生存的目的吧？畢竟，颱風不過是一團空氣在攪動而已。不過，這颱風跟生物有許多類似的地方。至少，它跟活在太古時代的原始生物非常相似。當然，它們的原料不一樣。颱風是由空氣生成的，原始生物則是由有機物生成的。

而且，生物會藉由細胞膜或皮膚之類的物質，把自己與外界隔離開來。簡單來說，生物會用「袋子」把自己包起來。颱風就沒有這層隔閡了。不過，無論是颱風還是原始生物，都是藉由持續吸收周圍的能量或物質，以保有固定的形狀，產下後代，一旦無法吸收能量或物質，便會消亡。這一點非常相似。

所以此處，我們把颱風假設成是「有生命的物體」。換句話說，「只要在吸收能量期間，保有一定的形狀，並偶爾能複製跟自己相同的東西」，我們就把它視為「活著」的表現。

持續從週遭吸收能量或物質，以維持固定形狀的結構，被稱為「耗散結構」。舉例來說，除了颱風，像瓦斯爐的爐火，也屬於耗散結構的一種。這個理論是俄羅斯裔的比利時物理學家伊里斯・普利高津（**Ilya Prigogine**，一九一七～二〇〇三）提出來的。他因從事耗散結構的研究而獲得一九七七年的諾貝爾化學獎。

換句話說，在這裡我們把「有複製能力的耗散結構」，視為「活著」的一種表現。

生物就是為了活著才被創造出來的

那麼，颱風要怎樣才能活下去？可能一開始只要海水的溫度上升就好；然後是海面上的水蒸氣增加。這些都只是單純的物理現象罷了。不過，許多物理現象重疊在一起，結果就是颱風的生成。颱風是碰巧生成的，並且碰巧「在吸收能量期間，一直維持固定的形狀，並偶爾複製出相同的東西」，就只是這樣而已。

在太古時期的地球上，肯定出現了許多「有複製能力的耗散結構」。不過，它們大多很快就消失了。就像地球的颱風一般，出現了又消失，消失了又出現。其中，有些碰巧有一層膜包著，有些碰巧不會馬上消失，形成了所謂的「有複製能力的耗散結構」。然後，就這樣持續存在了約四十億年，它們便是現在的地球生物。

如果是這樣，還要去考慮生存的目的、生存的意義，似乎就有點奇怪。因為，生物是有生命的結構導致的結果，就算「生命」出現後會發生什麼事，但在未有「生命」之前，根本什麼都沒有，對吧？就算為了「活著」必須注重某些事，但沒有什麼事比「活著」更重要，不是嗎？換句話說，為了活著而活的便是生物。

我們活著的時候總愛胡思亂想的。當然，有夢想，為人類謀福祉是值得尊敬的。有能力的話，積極地採取這類有生產力的行動，也未嘗不可。不過，當我們狀況不好的時候，可能就看不了那麼遠，也顧不了那麼多了。因為各種理由而無法隨心所欲生活的大有人在。

這個時候，不妨想想自己除了是人類之外，其實也是生物。生物單純只是為了活著而活著，我們人類也是一樣，光是活著就已經很了不起，就算一事無成，也沒啥好丟臉的；因為這樣的生物，這世上實在太多了。

要活就要吃

二〇一七年，人類發現了被稱為「斥候星（**Oumuamua**）」的天體。從它運行的軌道推測，它應該是從太陽系外飛過來的。至今，人類觀測到的，像彗星等天體，都屬於太陽系內的天體，因此，斥候星作為第一顆「星際天體」而備受矚目。

這時候，更出現了斥候星有可能是失速的外星飛船的謠傳。當然，事實證明這不太可能，但至少讓我們做了個美夢。之所以出現這樣的謠傳，其中的一個理由是來自於它的外型。斥候星的長度約八百公尺，就像是一根雪茄。一般的天體都是球狀，有的就算凹凸不平，也不會那麼細

斥候星的形象圖（提供：ESO/M. Kornmesser）

長。長得像雪茄的天體，斥候星是第一個。

太空船的形狀確實是細長形較合適。雖說太空接近真空狀態，卻不是百分之百的真空，還是會有少許的氣體、塵埃或小石子等物體。要降低撞上這些物體的機率，還是形狀細長的較為有利。

我們經常把外星人乘坐的交通工具想像成是圓形的飛碟，事實上，這不太可能，對吧？姑且不論外太空是否為完美的真空，想在周圍有物質的區域移動，還是形狀細長的會比較方便。也因此，才會出現斥候星有可能是「失去動力的宇宙船」的浪漫說法。

回歸正題。或許這世上沒有比活著更重要的事，為了活著，有些事是十分要緊的。比如說，吃飯；為了維持耗散結構，必須持續供給能量才行。植物的話，藉由行光合作用，就可自行製造有機物質，因此，它不用吃其他生物也活得下去。但遺憾的是，我們人類不會行光合作用；為了得到有機物質，我們必須吃其他生物。不吃肉或蔬菜，我們就活不下去。

我們沒辦法茶來伸手、飯來張口；也不可能有那種會自己跳進我們口中的生物。因此，我們必須採取主動，自己去把其他生物納入口中。

如果要移動的話，當然是像斥候星那樣，長得細細長長的才好，最好還能左右對稱。好比某些魚類的鰭就是左右兩邊都有。直線前進的時候，左右兩邊的鰭都能用上，想往左或往右移動，只要使用一邊的鰭就好。如果魚的鰭並非左右對稱，或只有一邊有鰭的話，那麼游泳時，就只能在原地打轉。

不太會移動的水母，或是幾乎不動的植物，體型都是接近圓形的，也鮮少有對稱的。這對它們不會造成困擾。但是，對必須經常移動的生物而言，體型則大多是左右對稱的，所以，它們又被稱為「兩側對稱動物」。

不過，左右對稱只表現在身體的外面即可。身體內部跟移動的方便性沒有關係；因此，就算不左右對稱也不會造成太大的困擾。我們人類的身體，從外面來看也幾乎是左右對稱的，但在裡面就未必是如此。

心臟也好，肝臟、胃也罷，都不是左右對稱的。看來，我們身體的裡面、外面，依循的是不同的製造規則。那好，就讓我們從身體的裡面開始審視起吧！

第1部

人類並不處於演化的頂點

第一章 因為演化而得了心臟病

一將功成萬骨枯

「一將功成萬骨枯。」這句話出自中國唐代詩人曹松（生年不詳—九〇一）的詩作。意指：一位將軍能成就不朽的功業，是無數的無名士兵犧牲所換來的。這其實是很不公平的事，但這樣的事不只發生在戰場，世界上許多地方都曾發生過。

每次我只要一想到自己身體的構造，腦海裡就會閃過這一句話。人生最初是由一顆名叫受精卵的細胞開始的；然後，這顆細胞不斷進行細胞分裂，變成很多細胞，進而組成了我們的身體。據研究，一位成人體內約有四十億個細胞。

這些細胞，每一個都是活著的。不過，要是它們一個個都隨自己的喜好隨便分裂的話，那麼我們的身體可就遭殃了。因此，這些細胞必須與周圍的細胞互助合作，想辦法為個體竭盡心力。它們之中有的得放棄分裂，有的甚至得選擇自我毀滅，如此，我們人類（智人，**homo sapience**）這種多細胞生物，才得以保有形體存活下來。正因為有這許多細胞的犧牲，人類這個個體才能活著。

不過，細胞也有作怪的時候，譬如說發生突變，細胞變得不再聽話，像癌細胞就是最好的例子。它在我們體內跑來跑去，隨自己高興進行細胞分裂，如果放任它不管，身體肯定要受罪。不過，癌細胞為了要活下去，也得吸收氧氣、攝取營養才行。

細胞是透過血液來吸收氧氣和營養的。癌細胞也不例外。因此，癌細胞也必須具有製造血管的能力。癌細胞之所以能任意增生，是因為它一邊增生，還能製造新的血管。癌細胞能釋放出一種物質，這物質名叫「血管內皮生長因子」，所以，在它一邊分裂增生的同時，它還可以不停地為自己製造血管。

那正常的細胞又如何呢？舉例來說，遠古的動物體型都很小。體型小的話，身體裡的細胞就不可能離身體表面太遠。更何況，剛從單細胞生物變成多細胞生物時，應該不管哪一種細胞都會離身體表面很近吧？因此，細胞只要仰賴從皮膚進入、自然擴散開的氧氣，就能得到必要的氧氣或營養。所以，根本不需要血管或心臟。

不過，現今我們的身體變大，就行不通了。若血液無法順利周行於體內，細胞就得不到氧氣或養分，也就活不下去了。所以，血管會像魚網一樣遍布我們的體內，因此把血液送出去的心臟也變得非常重要了。

為了保全肺所做的努力

心臟就像是個幫浦，只要動物沒死，心臟一輩子都在跳動，負責把血液送往身體的各個角落，所以心臟是很辛苦的。話說回來，跟我們人類相比，青蛙或蜥蜴的心臟負擔就沒那麼大。青蛙或蜥蜴是四肢著地在地上爬行的動物，從頭部到尾巴幾乎都在同一個水平面上。因此，心臟只要把血液平行運送就可以。

不過，我們哺乳類或鳥類，身體是往上下兩邊長的。首先，軀幹直接連著腳，而腳又筆直地往下延伸。我們的軀幹其實離地面挺遠的。不僅如此，我們的頭還位在比軀幹更高的位置上。

結果就是，從我們的頭頂到腳趾，有很大的高低落差。如此一來，要從最高的地方把血液送往最低的地方，對心臟而言，確實是很大的負擔。上下輸送血液和平行輸送血液，兩者所費的力氣根本不同。其中，更以脖子長的長頸鹿和腦袋大的人最為辛苦吧？

偏偏哺乳類和鳥類，又是活動量大的動物。因此，體內的細胞，特別是肌肉細胞，需要的氧氣和營養量更多。這導致心臟必須把更多的血液送往身體各處。於是，心臟需要更大的壓力才能把血液送出去。

既然如此，那就想辦法強化心臟，用很大的壓力把血液送出去，問題不就解決了嗎？你或許會這麼想，但這裡面卻有說不出的苦衷。

血液將氧氣和養分帶給體內的細胞。氧氣透過肺，營養則主要透過小腸被吸收進血液中。問題來了。我們的祖先原本是魚來著，當時是用鰓把附近水域的氧氣給吸收進來。因此，我們的祖先不需要煩惱壓力的事。

魚透過鰓把氧氣從體外的水，送進體內的血液中。換句話說，氧氣的吸收只在液體之間進行。同樣都是液體，壓力自然相差不大；因此，在吸取氧氣時不至於太過辛苦。

後來我們搬到陸地居住，於是氧氣的吸收變成得從體外的空氣中取得，再把它帶進體內血液中。換句話說，氧氣是從氣體轉換成液體；這個時候問題就產生了。說實話，這個問題跟吸收氧氣本身並沒有直接的關聯。但為了吸收氧氣，氣體和液體必須有所接觸，這才是問題的所在。

氧氣是從壓力高的地方往壓力低的地方流動；正確的說法應該是「壓力大的氧」會往「壓力小的氧」流動。但就總體的氣壓而言，壓力大的空氣並不會流往壓力小的。

空氣的壓力確實很低（約七百六十mmHg），而其中氧氣就占了21％（約一百五十九mmHg）。空氣進到肺以後，氧氣因被吸收而減少；即便如此，它的壓力還是有一百零五mmHg。反觀，肺中負責接收氧氣的靜脈，氧氣壓力則大約是四十mmHg（附帶一提，含氧量高的動脈，壓力約為一百mmHg）。因此，氧氣才會從肺裡的空氣往周身的血液流動。換句話說，就「氧氣的壓力」而言，肺裡的空氣壓力是遠大於血液中的。

只是，血液的壓力反而比肺內空氣的壓力還大。因此，有一個力道促使血液本身從血管被推進到肺裡。此時，肺處於雙重的惡劣條件，其一是肺內的毛細血管為了讓氧氣或二氧化碳都可以進進出出，所以血管壁非常地薄；其二是我們要吸入空氣時，會使肺泡膨脹，這時候肺內的壓力會呈現更低的狀況。所以血液更有可能會被強推入肺泡裡。看著血液就要從毛細管滲出了，可是又得想辦法不要讓它滲出，一直處於這種雙重為難的極限狀態。若此時，再用極強的高壓把血液推送出去的話，會發生什麼事呢？

血液將往肺中薄且脆弱的微血管大量湧入。若真發生此事，血液肯定會從微血管壁噴出，慢慢積存在肺裡面。於是，肺裡面充滿了液體，肺的主人雖然生活在陸地，卻會出現溺水的現象。因此，千萬不能用高壓把血液往肺部送。

心臟分區使用

另一方面，為了把血液送往位置更高的頭部，就必須用高壓才行。於是，為了同時符合這兩種相反的要求，我們的心臟被分成四個區塊來使用。

心臟可分成把血液送往肺的區塊，以及把血液送往全身的區塊。乍看之下，好像這兩個區塊就夠了，其實不然。就算只是為了把血液送往肺好了，至少也需要兩個區塊才行。

心臟是由大量肌肉所組成的。肌肉可以自行收縮，卻不能自行伸展。比方說，當我們彎曲手腕的時候，手腕內側的肌肉會收縮。但當我們伸直手腕的時候，卻不是內側的肌肉在伸展，而是外側的肌肉在收縮。也就是，看似內側的肌肉伸展了，實際上卻不是靠它自己的力量伸展的，而是因為手腕伸直了，它被動地受到了拉伸。

心臟既然是個幫浦，就必須有收縮和擴張的功能。收縮的話，只要肌肉收縮就好，那擴張要怎麼辦呢？此時只要讓別的地方收縮，靠它的反作用力擴張就行了。具體來說，心臟分成心房和心室兩個區塊，當心房收縮時，心室就會擴張，當心室收縮時，則換心房擴張；如此一來，問題就解決了。

人類的心臟，上方的兩個區塊為心房，下方的兩個區塊則為心室。透過靜脈，從身體各處流回來的血液會注入心房；透過動脈，把血液送往身體各處的則是心室。心房、心室左右各有一個，所以又被稱為左心房、右心房、左心室、右心室。

首先，下方的右心室收縮，此時上方的右心房會擴張，以方便在體內繞行一圈、氧氣已變得很少的血液，流入右心房。接著，換右心房收縮，右心室擴張，血液流往了

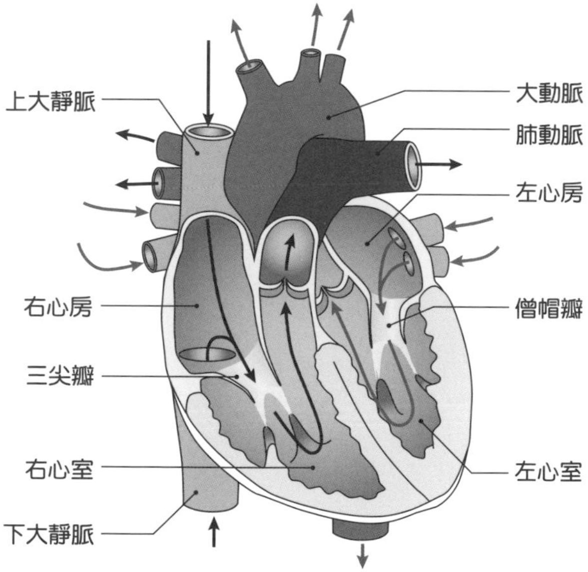

圖 1-1　心臟的構造與血液的流向

右心室；然後，右心室又再度收縮。且從外觀上看，比起右心房，右心室被更厚的肌肉包圍，所它的收縮力道較右心房大。

不僅如此，在右心房與右心室的交界處，有一個名叫「三尖瓣」的構造，其作用在於防止右心室收縮時，血液逆流回右心房。就這樣，血液不會流往右心房，而是流往與肺相連的肺動脈。

心臟的左側，基本上也在進行相同的事。唯一不同的是，左心室的肌肉更厚。左心室的肌肉不但比左心房的厚，也比右心室的厚。因此，跟右心室把血液送往肺相比，它必須用更大的力氣才能把血液送往全身。就因為分作好幾個區塊，心臟才有可能用比較小的壓力把血液送往肺部，並用比較大的壓力把血液送往全身。

冰人告訴我們的事

我們的心臟分成四個區塊，總體來說，應該是很棒的設計，對吧？它先把血液送往肺，讓肺吸飽氧氣，再讓這些血液流往全身。於是，全身的細胞都能得到氧氣。

不過，問題來了。為了把氧氣送往全身細胞，二十四小時都在工作的心臟，它的細胞要怎樣才能獲得氧氣呢？

青蛙或蜥蜴的心臟，可以從流經內部的血液獲得氧氣。然而，人類的心臟是更精密的構造，無法從內部的血液獲得氧氣。更何況，我們的心臟分成四個區塊，右側的區塊本來就只有氧氣含量極少的血液經過。這意謂著：心臟所需的氧氣必須全部從心臟外面獲得才行。

這個情況之所以能夠成立，靠的是從大動脈分支出來的、名叫「冠狀動脈」的血管。冠狀動脈從大動脈分支出來後，立刻蔓延至心臟的表面，像月桂樹的桂冠一樣把心臟包覆起來。

就這樣，冠狀動脈擔負起把氧氣送往心臟的重責大任。然而，冠狀動脈的直徑只有二至四公分，非常細，一不小心就會塞住。當流經冠狀動脈的血液減少時，狹心症會發作、心臟會感到劇痛。接下來，心肌細胞會因為得不到充足的血液而缺氧，心肌細胞開始壞死，心肌梗塞便是這樣來的。

更慘的是，由於冠狀動脈覆蓋在心臟這個不停跳動的器官表面，導致它比其他血管都還要辛苦。只要心臟一收縮，冠狀動脈就會受到壓迫，血液也就流不進來；只有在心臟放鬆的舒張期，血液才能流入。然而，當我們從事劇烈運動時，心臟的舒張期只會更短，血液也就沒辦法充分流入冠狀動脈了。

換句話說，心臟天生的構造，導致它在最需要氧氣的時候，偏偏沒辦法獲得充足的氧氣。運動中狹心症容易發作，便是出於這樣的原因。

此外，血管內壁假如有膽固醇等物質囤積，導致血管阻塞，使血液無法流通而變硬，這樣的情形被稱為「動脈硬化」。狹心症、心肌梗塞，都是冠狀動脈的動脈硬化造成的。而動脈硬化的原因，最常被提及的有高血壓、高血脂、抽菸、肥胖、糖尿病五種。

的確，我們只要小心避免上述原因，得到狹心症或心肌梗塞的機率應該就會降低。但是，好像還是無法完全避免喔！

一九九一年在義大利和奧地利邊境附近的的冰河，發現了五千三百年前的木乃伊。該木乃伊被稱為「冰人」，據推測他就住在附近的深山裡。照理說，冰人應該不抽菸，也不會過胖，但從他的遺體分析看來，他得到冠狀動脈硬化的可能性卻非常的高。

研究報告指出，類似的狹心症或心肌梗塞症狀，不只出現在冰人身上，也出現在埃及或祕魯等許多地方的木乃伊身上。

心臟是演化的不良設計？

無論是狹心症也好，心肌梗塞也罷，不管你生活得多健康，都有一定的機率會發生。因此有人說，攸關心臟健康的冠狀動脈是演化上的失誤，是不良的設計。若真是如此，上天也未免太殘忍了。但，這終究只是人類一廂情願的想法。

所謂「物競天擇（也稱自然選擇，或稱為天擇）」的演化法則，指的是能夠適應環境的特徵（或擁有這特徵的個體），能生生不息地繁衍下去。但正確的說法應該是，通過「自然選擇」被保留下來的特徵，必須是能夠誕下更多子孫的特徵。事情就是這麼簡單。

所以說，若該個體已經過了生育年齡，那不管是狹心症還是心肌梗塞，都與自然選擇無關。自然選擇才不管已經繁衍不了子孫的個體會發生什麼事。但是，反過來說，如果某些年輕的個體，因為得到狹心症或心肌梗塞而從別的地方得到補償或好處，那他反而有可能成為自然選擇眷顧的對象。

為什麼人類容易得到狹心症或心肌梗塞呢？說穿了，還不是因為要用高壓把血液送往全身。如果用高壓把血液送往全身的結果，能夠讓頭高高抬起，行動更加敏捷的話，那便足以彌補因心肌梗塞造成的個體數損失，說不定還能留下更多的子孫。如此說來，容易得狹心症或心肌梗塞的特徵，反而是自然選擇下的真正「演化」啊！

一將功成萬骨枯。對演化而言，這個「一將」就是子孫的數量。只要能增加子孫的數量，即使「萬骨枯」也在所不惜。此刻活著的我們，當然會覺得個體的生存是最重要的。生病、身體疼痛，甚至死亡，這些我們都不喜歡。

不過，演化是不會去考慮到個體的。不，應該說，只有在個體的存亡與子孫的數量有關時，演化才會去考慮它。

所以，演化不會對心臟特別眷顧。當個體年輕、還有生育能力時，它當然會想辦法保持心臟的健康跳動，但之後就不關它的事了。冠狀動脈等心臟構造，並不是演化犯的失誤，對演化而言，說不定它還是很理想的設計呢。只是，對我們人類來說，它不是那麼合適就是了。

我們與演化的利害關係，通常是不一致的。有時演化甚至會成為我們的敵人。若真是如此，我們也不必聽天由命，任憑演化擺布。醫學或健康的生活習慣，都是我們足以對付演化的武器。

第二章 人類輸給鳥類也輸給恐龍的肺

為什麼金魚有肺？

水槽中飼養的金魚，或是棲息於池底的鯉魚，偶爾會浮上水面，把嘴一開一合的，其實，那是在呼吸空氣。金魚或鯉魚有肺，所以能呼吸空氣。不過，金魚為什麼會有肺呢？金魚住在水裡面，用鰓呼吸，把水裡面的氧吸收進來就好了。明明已經有鰓了，幹嘛還要多一個肺呢？

仔細一想，居住在水中卻呼吸空氣的動物還挺多的。就說鯨魚好了，它雖然住在水裡面，卻是靠肺呼吸。龍蝨是住在水裡面的昆蟲，它也只能呼吸空氣。

或許有人會說，鯨魚或龍蝨就算只能呼吸空氣也沒啥好奇怪的。因為鯨魚或龍蝨的祖先原本生活在陸地上，鯨魚從祖先那裡繼承了肺，龍蝨則從祖先那裡繼承了氣管。就算生活環境改變了，從陸地換到水中，但牠們的呼吸器官並沒有改變，只是這樣而已。

既然我們的祖先原本住在水裡面，而且原本也是用鰓呼吸的，那麼我們登上陸地之後，應該也要繼續用鰓呼吸才對呀？只要偶爾找到水塘或游泳池，把臉探入水中呼吸不就可以了嗎？

然而，世上並沒有這樣的動物。看來，在水裡有肺和在陸地有鰓，完全是兩回事。前者肯定比後者好，所以動物才會如此演化，對吧？

被釣起的魚會馬上死掉的理由

前一章，我們談到有關心臟的事。我們人類必須用高壓把血液從心臟送往全身各處。但另一方面，送往肺的血液就必須用低壓才行。因此，我們哺乳類的心臟變得十分複雜。不過，魚的就沒有那麼複雜了。

現今，大部分的魚屬於硬骨魚這一大類（像鯊魚或魟魚，全身的骨骼是由軟骨組成，便屬於軟骨魚）；剛才提到的金魚或鯉魚也都是硬骨魚。哺乳類的心臟共分成二心房、二心室，而硬骨魚的心臟則只有一心房、一心室。

從硬骨魚的心臟送出的血液，會先通過鰓，流往全身，然後再流回心臟。血液從心臟流出，再流回心臟的過程，被稱為「循環」。哺乳類的循環有流經肺的肺循環，和流經全身的體循環兩種，然而，硬骨魚的循環則只有單一一種。

哺乳類的肺裡全是空氣，壓力很低。這樣的肺血管，一旦用高壓來運送血液，血液便會從血管滲出，跑進肺裡面。因此，必須另闢一個用低壓運送血液的肺循環，與體循環分開。不過，硬骨魚身處水中，因此牠的鰓，不管裡面或外面都是水。因此，它跟肺不一樣，不需要用比較低的壓力來運送血液。所以說，硬骨魚只要單一循環就夠了。

只是，這樣的話，又有別的問題產生了。從心臟出發的血液會先經過鰓，在這裡補充氧氣後再流往全身，把氧氣一一送往全身細胞。之後，減少氧氣的血液再流回心臟；換句話說，心臟不管怎麼樣都無法從血液裡得到充足的氧氣。

如果這條硬骨魚又比較活潑好動的話，事態將更嚴重。動得越多，細胞的氧氣消耗量就會越大。於是，流回心臟的血液含氧量只會更少。運動得越激烈，心臟就越需要更多的氧氣，偏偏這個時候心臟能得到的氧氣反而更少。

這樣的構造，想必讓硬骨魚的活動受到很大的限制。這也是為什麼被釣起來的魚，越是掙扎就死得越快的原因了。

不可能打掉重練

那麼，該怎麼做才能改良這個缺點呢？比方，把心臟前後的血管切斷，重新連接起來。讓流向鰓、充滿氧氣的血液，先流向心臟。然後，再流往全身的細胞。如此一來，心臟缺氧、性命垂危的風險肯定會大幅減少。然而，遺憾的是，這種事是不可能發生的。

讓我們再看看其他例子。我們為了活動喉嚨的肌肉，從大腦延伸出所謂的迷走神經。這迷走神經的其中一條，剛好從心臟附近的血管下方通過。對我們來說，這不會是什麼大問題，但長頸鹿可慘了。

長頸鹿的這條迷走神經也是從心臟附近的血管下方通過。而這條血管不管長頸鹿的脖子有多長，也始終位在心臟附近。另一方面，迷走神經也始終連接著大腦與喉嚨。當長頸鹿伸長脖子時，大腦和喉嚨會離心臟越來越遠。但這迷走神經卻還是從心臟附近的血管下方通過。

就這樣，迷走神經必須從大腦出發，經過長長的脖子，往下延伸至心臟附近，從血管下方繞一圈後，再沿著長長的脖子向上延伸直到喉嚨為止。長頸鹿的大腦和喉嚨相隔不過三十公分，但迷走神經這一繞就長達了

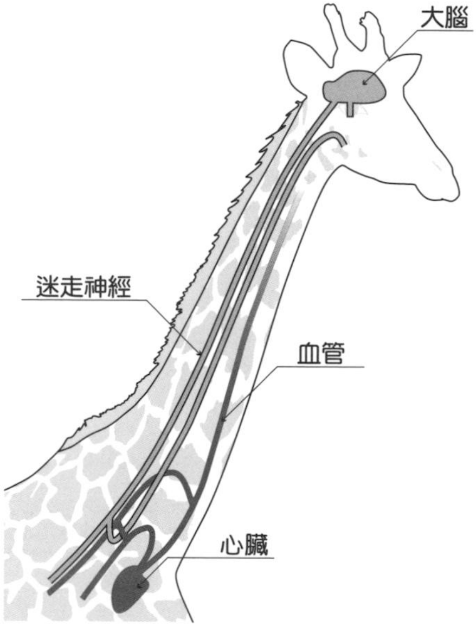

長頸鹿的迷走神經繞了一大圈，長達六公尺。改編自《演化的教科書 第 3 卷（講談社 bluebacks，2017）》

快六公尺。

幹嘛這麼費事呀？把迷走神經切斷，把它從血管下方移到血管上方，重新連接起來不就好了嗎？說得沒錯，但這種事演化是做不到的。演化能做到的，是修正現有的構造。切掉再接起來，或是拆開重組什麼的，演化是做不到的。

魚的血液循環效率不彰

那硬骨魚該怎麼解決氧氣不足的困境呢？

想當然爾，硬骨魚也要吃東西。吃下去的東西，經由消化道被消化、吸收。而消化道的管壁，為了吸收來自食物的

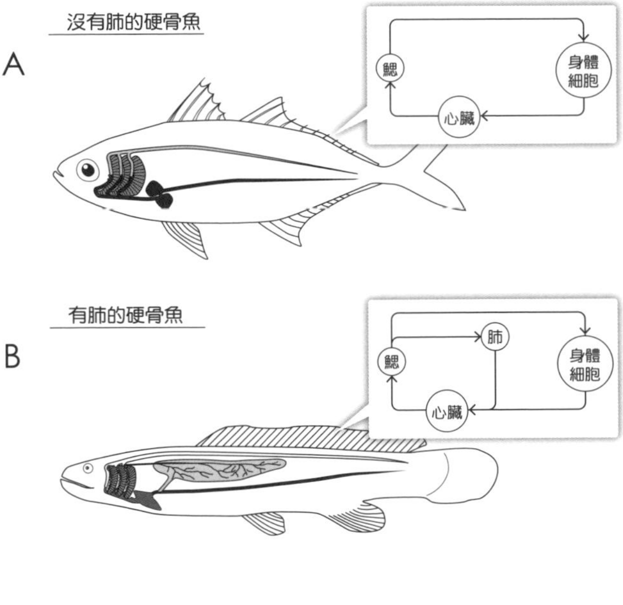

硬骨魚的血液循環。A 是沒有肺的硬骨魚，B 是有肺的硬骨魚（改編自 Collen Farmer 1997）。

養分，會有血管通過。一般認為，若有血管通過的話，要演化成吸取氧氣的構造也會比較容易。因為，只要氧氣能進入消化道內，它就能透過血管被身體吸收。事實上，確實有某部分的消化道膨脹，變成了吸收氧氣的器官。它就是肺。

那麼，這硬骨魚的肺，是以怎樣的方式和心臟及鰓產生連接的呢？前面已說過，硬骨魚的血液從心臟出發後，會先送往鰓，血液中的氧會在這裡被吸收，二氧化碳則被排出。之後，從鰓流出的血液則兵分兩路，一路流往全身的細胞，一路流往肺部。流往肺的血液會再度吸進氧氣、排出二氧化碳。這時問題來了，這吸飽氧氣的血液又將流往何處呢？

以正常來說，流往心臟是最好不過了。但是硬骨魚的心臟只能得到已跑遍全身細胞、氧氣變得極少的血液，因此，上述的缺氧狀況才會經常發生。或許你會這樣想，如果從肺出來、充滿氧氣的血液能馬上流入心臟的話，那心臟就不會缺氧了，這樣硬骨魚的煩惱也就解決了。但偏偏事情沒有那麼順利。

血液自硬骨魚的肺離開之後，在返回心臟之前，會先跟從全身細胞流回來的血液匯流在一起。從全身細胞流回來的血液，由於氧氣含量很少，於是，剛從肺出來的血液，雖然好不容易才吸飽了氧氣，卻因為匯流，一下子就被稀釋了。在這樣的情況下，血液回到了心臟。

這樣的運作機制似乎顯得效率不彰。明明把自肺流過來的血液直接送往心臟就好，這樣心臟就能獲得充足的氧氣了。不過，話說回來，氧氣雖然被稀釋了，但至少由肺吸收的氧氣可以送達心臟，足以擺脫最糟糕的情況。金魚或鯉魚有肺，能呼吸空氣，應該是基於這樣的原因。

水中生活大不易

事實上，魚之所以演化到有肺，應該還有其他的考量——水中的氧氣太少，若能吸取空氣中的氧氣，對生存應該會比較有利。

水的含氧量（受溫度等因素影響）大約只有空氣含氧量的三十分之一。再加上，水的重量是空氣的一千倍，所以水中氧氣自然擴散的速度，便只有在空氣中的五十萬分之一。因此，魚類每天都過著我們體會不到的辛苦日子。

首先，為了呼吸，牠們必須耗費很多的能量，在沉重的水裡面活動。其次，水中的氧氣分布不均，很多地方都是缺氧的，牠們必須避開這些地方才行。

透過電視或廣播，我們會得到天氣預報或花粉情報，再決定今天出門要不要帶傘或戴口罩。如果魚的世界也有電視的話，牠們肯定會想要收看氧氣情報。譬如：「今天某某川的下游含氧量減少。」「某某沼澤的池底完全沒有氧氣，十分危險，請勿靠近。」之類的，這對牠們肯定有很大的幫助。

無庸置疑地，硬骨魚的肺，對生活在缺氧的水域中的魚有幫助，所以，某些生活在淺灘等容易缺氧環境的硬骨魚，便獨立發展出除了肺以外，也能呼吸空氣的構造。像彈塗魚或鯰魚的同類中，就有利用部分的鰓來呼吸空氣的魚種。畢竟，在氧氣極缺的環境裡，若能同時呼吸空氣會有利許多。

如今，肺對於生活在氧氣極少的環境中的魚有幫助，但一開始肺的演化卻未必是如此。因為，同樣的肺，扮演的角色可能不一樣。

比如說，現今鳥類的羽毛，對飛行有幫助。不過，鳥類祖先（被稱為恐龍的物種）的羽毛，卻對飛行一點幫助也沒有。據了解，它們應該對調節體溫，或是雄性的求偶行為會比較有幫助。

同樣地，肺不會只有一種功能。它肯定在許多方面都能發揮作用。實際上，綜合以下兩項證據就可以明白，為什麼初期的肺，對硬骨魚生活在缺氧的環境中，似乎並沒有幫助。

其中一個證據就是化石。硬骨魚可粗分為「肉鰭魚」和「輻鰭魚」[3]這兩大類。像腔棘魚或肺魚就屬於肉鰭魚類，其他大多數的硬骨魚則都屬於輻鰭魚類。肉鰭魚和輻鰭魚的共同祖先，恐怕在志留紀（約四億四千四百萬年～四億一千九百萬年前）就已經存在了。從目前所發現的化石看來，共同的祖先居住在海面上的可能性非常高；而那裡，並不是缺氧的地方。之後，肉鰭魚與輻鰭魚分支開來，一部分的肉鰭魚上岸來到陸地，那是在志留紀後的泥盆紀（約四億一千九百萬年～三億五千九百萬年前）時代。

第二個證據就是現今生存的魚。現存的肉鰭魚與被認為保有最原始輻

3. 編按：輻鰭魚（Actinopterygii）又名條鰭魚，是一種魚鰭呈放射狀的硬骨魚類的通稱；同時是脊椎動物中種類最多的生物。

鰭魚型態的多鰭魚（**Polypterus**，又稱恐龍魚），牠們的肺長得十分相似。這說明了，兩者共同的祖先可能一開始就是有肺的。若這樣想是正確的，那再跟第一個證據合起來看，便可得到以下的結論。

志留紀時期，住在海面上的肉鰭魚與輻鰭魚的共同祖先，原本就是有肺的。而這個肺的作用，並不是為了方便生活在缺氧的環境中。很有可能，一開始的肺是為了把氧氣送給心臟。換句話說，是為了讓動物能更方便活動而發展出來的。

演化的接力賽

總之，硬骨魚因為有了肺，得以把含氧量較高的血液送往心臟。然而，肺的演化就僅止於此嗎？

的確，肺若能一次就演化完成，會省事許多。可是，就算只演化一半好了，難道這半吊子的肺就沒用了嗎？如果沒用，自然選擇就不會發生在肺身上。這個時候，肺的演化根本連開始都不會開始。換句話說，肺不會有演化。這種情形不是不可能發生。然而，事實上，肺確實演化了。這又是怎麼一回事呢？

箇中道理在於，任何物體都不會只有一種功能。就像前面所講的，消化道的管壁，為了吸收來自食物的營養，有血管通過。因此，如果通過消化道的不是食物而是氧氣的話，那至少氧氣也能被血液所吸收。雖說不一定吸足所需的氧氣，但是消化道多多少少還是會吸些氧氣的。換句話說，原本消化道除了吸收營養外，更具有吸收氧氣的功能。

硬骨魚的心臟容易缺氧，於是消化道的氧氣吸收能力便開始發揮效用。只要是消化道能吸收氧氣的個體，就算吸收的量極少，也能在自然選擇下勝出，而生存下來。換句話說，消化道的某部分膨脹的個體，通過「天擇」，數量開始增加。由此看來，演化確實在進行著。然後，就是肺的演化，對吧？

在體積相同的情況下，水和硬骨魚相比，硬骨魚會比較重。換句話說，硬骨魚的比重大於水。因此，若硬骨魚什麼都不做的話，便會沉下去。這樣的硬骨魚有了肺，開始呼吸空氣後，又會發生什麼事呢？硬骨魚把空氣吃下肚，想辦法把自己的比重降低了。於是，身體的比重與水的比重相近，就算什麼都不做也不會沉下去。這讓牠在水中可以輕鬆地保持姿勢，游泳速度快。發展到這裡，演化又更進一步了。接下來，便是「魚鰾」的演化了。

演化就像是場接力賽。名叫「消化」的選手，緊握著名叫消化道的棒子，全力奔跑著。然後，它把棒子交給了名叫呼吸空氣的選手。交給呼吸空氣選手的棒子，漸漸由消化道變成了肺。接下來，它又把這棒子遞給了低比重選手。然後，低比重選手的棒子，又漸漸從肺變成了魚鰾。

當然，在「消化」這名選手之前，肯定有很多選手，而未來在低比重選手之後，也會有許多選手出現。換句話說，就算是肺，一開始也不是為了成為肺而開始演化的。

不僅如此，棒子還分成好幾支。消化選手的棒子，不只交到呼吸空氣選手的手中，它還交給了消化酵素選手、解毒選手。交給消化酵素的棒子，從消化道變成了胰臟，交給解毒選手的棒子，則從消化道變成了肝臟。

而且，把棒子交給許多選手的消化選手，交完棒子後還是持續奔跑著。因為它一直在跑，所以手裡的棒子也不斷在變化。例如，遠古人類主要是以植物為食，所以消化道是長的。後來隨著肉食越來越普遍，消化道就變短了。所以說，消化選手手裡的棒子，也從長消化道變成短消化道。

只要這些選手持續在跑，棒子就會持續變化下去，棒子的變化是永無止境的。因此，演化沒有完成式，只有持續進行式。演化完成的肺、眼，世上並沒有這種東西。不斷改變形狀，不斷改變功能，把過去與未來串連起來的，便是演化。只有在一種情況下，演化會停止奔跑——那就是當物種滅絕的時候。

哺乳類曾經是失敗者

我們的肺也是「演化棒子」的其中一支。肺是重達一公斤的大器官，分成左肺和右肺。從喉嚨往下的空氣通道——氣管，來到左肺和右肺中間後，便分成左右兩支。分支後的氣管被稱為「支氣管」。支氣管即使進入肺裡面後，仍會繼續分支。

就這樣，氣管在肺裡面不斷進行分支，越分越多、越分越細，直到最後變成直徑零點二公分的薄囊——肺泡。據說肺泡的數量有好幾億個，其表面緊貼著微血管，藉此與肺泡內的空氣進行氣體交換。

認真說起來，我們的肺算是很不錯的呼吸器官。不過，放眼週遭生物，還是有更優秀的呼吸器存在，那就是鳥類的呼吸器。

鳥類的呼吸器，除了肺以外，還有名為「氣囊」的透明袋子。氣囊藉由收縮、膨脹，把空氣送進肺裡面。順道一提，氣囊自己不會收縮、膨脹，必須藉由肌肉改變胸部空間（胸腔）的容積，被動地產生收縮或膨脹。

這樣的氣囊在肺的周圍有好幾個，可粗分為後氣囊和前氣囊。空氣的流動順序則為「體外→後氣囊→肺→前氣囊→體外」。首先，兩種氣囊膨脹（這時鳥類會吸氣），空氣從外面被吸進後氣囊中，同時肺裡面的空氣則被吸進前氣囊裡。接下來，兩種氣囊同時收縮（這時鳥類會吐氣），空氣從後氣囊擠壓進肺裡面，前氣囊裡的空氣同時也被排放了出去。

藉由不斷重複這樣的流程，空氣得以單向流動。新鮮的空氣不斷地流進肺裡面。反觀，我們哺乳類，只有氣管這一根管子，空氣進出都是同一個通道，空氣會反方向逆流回去。就呼吸器而言，效率就沒有那麼高了。

話說，鳥類因為擁有這樣優秀的呼吸器，才能在其他生物無法生存的空氣稀薄處存活下來。候鳥中有能飛渡喜馬拉雅山的，也有能在空氣稀薄的高空翱翔的，這全是拜牠們擁有優良呼吸器所賜。鳥類是恐龍的子孫，所以有可能恐龍也擁有這樣優秀的呼吸器。至少鳥類的直接祖先，有部分的恐龍擁有這樣優秀的呼吸器。

哺乳類和恐龍，幾乎是同時間在中生代的初期出現。然而，那個時候大鳴大放、繁榮興盛的卻是恐龍。可以說，整個中生代，哺乳類一直被恐龍壓著打。或許呼吸器的性能差異，就是造成哺乳類一直吃鱉的原因之一。就算從事相同的活動，哺乳類也比恐龍更容易缺氧、呼吸困難吧？

我們人類是現今地球上最強大的物種，這讓我們誤以為自己比其他生物都還要優秀，有時甚至還看不起恐龍，覺得牠們大而無當。這對恐龍未免也太失禮了呀！

第三章 腎臟、尿與「生存的偉大連鎖」

生存的偉大連鎖

世界上存在著各式各樣的東西；有生命的、無生命的。為了解釋世間萬物的多樣性，中世紀歐洲的經院哲學[4]（scholasticism）發想出了「生存的偉大連鎖」的概念。

所謂「生存的偉大連鎖」，簡單來說，就是世間萬物，從石頭、生物，一直到最偉大的上帝，自成一個階級制度。人是生物裡面最高等的，位置僅在天使之下。不過，進入十九世紀後，「生存的偉大連鎖」的地位受到動搖。因為另一種說明生物多樣性的思想，開始流行起來，那便是「演化論」的思想。

不過，要指出生物是演化而來的，是需要勇氣的。像法國學者尚・巴

4. 編按：又稱「士林哲學」「繁瑣哲學」。起源於中古世紀歐洲，是與宗教（主要指天主教）相結合的哲學思想，以教會力量發展的哲學思想流派，故得其名。托馬斯・阿奎納是其代表人物。

蒂斯特・拉馬克（**Jean-Baptiste Lamarch**，一七四四～一八二九）就因為提出演化思想而慘遭排擠。不過，進入十九世紀後半後，大學裡面支持演化論的學者開始多了起來。

在這樣的情形下，一八五九年，達爾文（**Charles Robert Darwin**，一八〇九～一八八二）所寫的、舉世聞名的《物種起源》（***On the Origin of Species***）出版了。在《物種起源》出版的時間點，已經有不少人知道演化的思想，至少大學裡面的研究者都知道。無論他們支持與否，演化的思維已是十分普遍。

而且，在著名的基督徒中也開始有人支持《物種起源》的論述。這肯定讓達爾文受到很大的

拉馬克的畫像

鼓舞。當然，《物種起源》出版後，仍有一大票人反對演化論。不過，跟拉馬克相比，達爾文的處境要好太多了。時代的洪流，確實已往認同演化論的方向前進。

從那個時候算起，經過了一百六十多年，如今，演化論獲得社會（雖說不是百分之百）廣泛的認同，幾乎已經沒有人在使用「生存的偉大連鎖」來解釋生物的多樣性了。即便如此，「生存的偉大連鎖」仍在人們心中徘徊不去。這點從我們介紹演化論的方法便可窺知一二。

關鍵在於氮的處理方式

腎臟是處理血液中老廢物質的器官，老廢物質會變成尿液被排泄出去。尿的98％是水，剩餘的2％大部分是尿素。水就不用多說了，為何我們的體內會產生這麼多的尿素呢？

我們吃進有機物，藉由分解它們得到能量。此外，被我們吃掉的有機物，也會變成我們身體的原料。作為身體原料的有機物，一旦被人體分解，壽命也就結束了。換句話說，在我們的身體裡面，一直進行著有機物的分解，而這被分解的有機物廢料，必須把它們排出體外才行。

我們吃下的有機物，以糖、脂肪和蛋白質居多。糖和脂肪被分解後，主要會產生二氧化碳和水。二氧化碳或水都是無毒的，處理起來不會有什麼問題。反觀，蛋白質裡含有氮，在含氮的有機化合物中，最單純的就是氨。因此，把氮變成氨的形態再處理掉，應該是不錯的方式。不過，這麼做還是會有問題。原因在於氨的毒性很強。

魚類中占絕大多數的硬骨魚，也是把氮變成氨後再排出體外。雖說氨的毒性強，卻容易溶於水。所以利用大量的水來溶解氨，降低它的濃度，它的毒性也會跟著降低。因此，只要住在水資源充沛、要多少有多少的地方，就不會有問題了。於是，硬骨魚不斷從四周把水吸納進身體裡，用大量的水來溶解氨，再藉由鰓把氨排出去。

不過，對生活在陸地上的動物來說，就行不通了。陸地上的生活，沒辦法隨心所欲地取得水源，因此，必須以某種形式，暫時把氮存放在身體裡，只是，此時若以毒性強的氨的形態存放，就傷腦筋了。於是，青蛙等兩棲類和我們哺乳類，就不是把氮變成氨，而是變成尿素後再處理。跟氨相比，尿素的毒性要低多了（順便一提，青蛙的幼體蝌蚪生活在水中，排泄的就是氨了）。

我們或青蛙的肝臟，藉由被稱為鳥氨酸循環（ornithine cycle）的複數化學反應，把氨合成了尿素。鳥氨酸循環是讓氨和二氧化碳產生反應，變成了毒性比較低的尿素。

毒性低固然很好，但尿素的缺點在於它不像氨那麼容易溶於水，然而，要把尿素排出去，還是得讓它溶於水才行。不易溶於水的尿素必須溶於水後，才能排出去，這下又得用到大量的水了。所以，我們每天喝大量的水，製造大量的尿液，就是為了把尿素排出去。

我們哺乳類因為上了岸，無法取得充足的水源，所以才把氨改成毒性低的尿素，結果反而必須喝大量的水，這實在是很弔詭。不過，兩害相權取其輕。喝大量的水，總好過讓劇毒氨囤積在體內吧？

就算是不怕沒水可用的硬骨魚，體內肯定也是毒性低的好過毒性高的。因此，確實有一部分的硬骨魚，是把氨變成尿素後，再排放出去。那大部分的硬骨魚直接把氨排放出去，又是怎麼一回事？畢竟生活在水中，有取之不盡、用之不竭的水，正是牠們生存的優勢啊！

蛋裡面「尿素偏高」

氨毒性強，不好處理；但要把尿素排出去，又需大量的水。這樣看來，氨也好、尿素也罷，都不是最好的選擇。對生活在陸地的動物而言，把氮排放出去，始終是個傷腦筋的問題。那麼，是否有其他更好的方法呢？

有一個好辦法。既然用那麼多水太浪費，那乾脆就不要排放尿素好了。反正尿素的毒性也不強，就讓它積累在體內，應該也還好吧？但遺憾的是，這個主意似乎也不太高明。

我們舉雞蛋的例子來做說明吧！

蛋裡面剛發展成形的幼體，被稱為「胚胎」。胚胎在雞蛋裡生長發育，所以，它應該也跟成熟的雞一樣，必須以某種形式把氮排放出去。

如果它是把氮變成氨再排放出去的話，那蛋裡面的氨的濃度會升高；在毒性太強的情況下，胚胎會死掉。另一方面，若它是把氮變成尿素排出去的話，則換尿素的濃度會升高。沒錯，尿素的毒性沒那麼強，可是一旦尿素的濃度升高，蛋裡的滲透壓也會跟著升高。

滲透壓是個複雜的概念。簡單來說，所謂「滲透壓高」就是「鹽分高」的意思。舉一個略為殘忍的例子，把鹽撒在水蛭的身上，水蛭會蜷縮起來，變得乾癟。因為此刻水蛭體外的鹽分比體內的高，水就會從水蛭的體內跑到體外，導致水蛭乾癟收縮。換句話說，水會從滲透壓低的地方往滲透壓高的地方移動。

如果蛋裡面有尿素囤積的話，蛋內的滲透壓就會越來越高。蛋裡面的「尿素偏高」，胚胎周圍的液體全是滲透壓高的尿素，於是乎，剛剛所舉的水蛭的例子，就會發生在胚胎身上。只是這會兒鹽變成了尿素。胚胎裡面的水不斷往外滲出，就會導致胚胎脫水而活不下去。

換句話說，雞蛋裡面的胚胎，不能使用氨、也不能使用尿素，來處理氮。那麼，雞到底要怎麼做，才能順利把氮排放出去呢？

最棒的方法是尿酸

先說結論，雞最後選擇把氮變成尿酸再排放出去。尿酸比尿素的毒性更低，也更不容易溶於水。不，應該說它幾乎不溶於水。因此，如果把氮變成尿酸再排放出去，那蛋內液體的滲透壓就不會升高。如此一來，既不用煩惱氨的毒性，也不用煩惱尿素的滲透壓。所以，作為處理氮的化合物來說，尿酸是最優秀的。

應該沒人見過鳥會像狗一樣唰地撒一大泡尿吧？養過鳥的人應該都有印象，鳥的排泄物有黑色、茶色的部分，也有白色的黏稠物。黑色、茶色是糞便，白色的就是尿了。鳥的尿是白色的尿酸和少量的水混合而成的。鳥要排出氮，只需要少量的水。

爬蟲類也是一樣的。鳥類和爬蟲類因為把氮變成尿酸再排出體外，所以不需要大量的水。只要用少量的水混合幾乎不溶於水的尿酸，讓它變得黏稠再排放出去就可以了。因此，它們的尿液量很少，也沒有存放在體內的必要。這也是為什麼鳥類和大多數爬蟲類沒有膀胱的緣故（順道一提，還是有些烏龜或蜥蜴是有膀胱的）。

反之，我們哺乳類或青蛙就有膀胱了，我們利用大量的水把尿素排放出去。我們耗費更多的水，這是不爭的事實。我們和青蛙並沒有比爬蟲類或鳥類更適應陸地的生活。

話說回來，滲透壓上升讓人困擾，下降了也是個麻煩。濃度0.9％的食鹽水，我們人類就算多喝幾杯，兩、三個小時以內，排尿量也不會增加。不過，普通的水我們要是多喝上幾杯，兩、三個小時以內，排尿量就會增加，好不容易喝的水又給排了出去。這全是因為滲透壓的關係。

濃度0.9％的食鹽水，其滲透壓跟血液幾乎相同。這樣的食鹽水就算喝了，血液的滲透壓也不會改變。不過，如果喝的是水的話，血液便會被稀釋，滲透壓也會跟著下降。於是，為了讓血液的滲透壓上升，腎臟會製造大量的尿液，再把它排出體外。血液的鹽分提高，滲透壓自然就上升了。

蜥蜴和我們誰比較優秀？

前面已經說過，我們的祖先原本住在海裡，直到泥盆紀時期（約四億一千九百萬年前～三億五千萬年前）才上岸的。當然，為了到陸地上生活，身體的許多部分都必須做出改變。

圖3-1的系統樹，是從脊椎動物中選出六種動物，顯示出牠們演化的過程。而這中間，總共經歷了三階段的演變。

脊椎動物的共同祖先因為還生活在海裡面，所以是把氮變成氨再排放出去。之後，共同祖

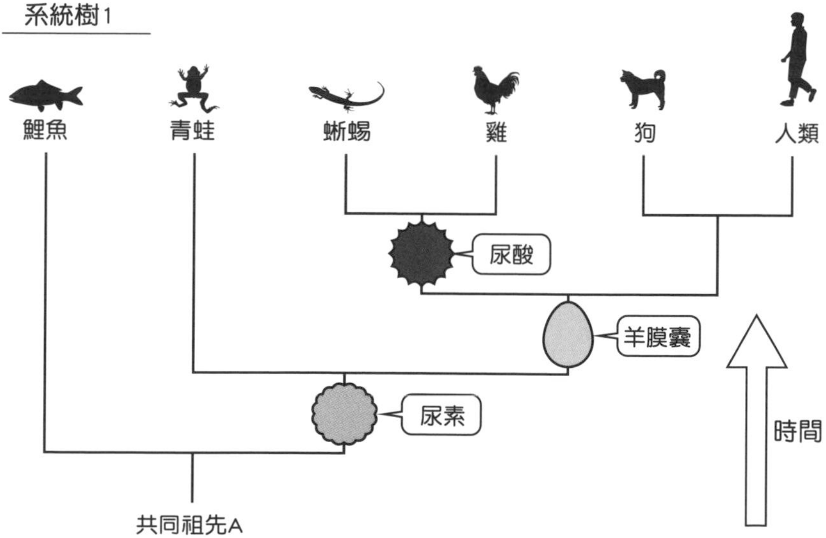

圖 3-1　表示演化歷程的系統樹

先A分支成兩個系統。其一是演變成鯉魚的系統，另一個則是演變成人類的系統。鯉魚的那個系統繼續使用氨來排放氮，但人類的系統就起了變化了。我們不再把氮變成氨，而是把它變成尿素後再排放出去。想必也就是在把氨改成尿素的演化發生後不久，部分的魚類就上岸了吧？

然後，登上陸地改用尿素來排放氮的系統，其子孫又分成了兩支。其中一支演變成青蛙，另外一支則演變成人類。然後，演變成人類的這支系統又起了變化，多了「羊膜囊」這個配備。

羊膜囊是為了離開水還能活下去，而特地發展出來的。兩棲類必須住在水邊，為什麼呢？因為它們的卵太柔軟了，一下子就會乾掉。因此，大部分青蛙必須在水中產卵。為了擺脫對水的依賴，亦即為了更適應陸地的生活，必須想辦法讓卵不會乾掉。

此時，想出的辦法就是羊膜囊。簡單來說，就是在具有羊膜結構的袋子裡先放入水，再把胚胎放入水中。只要用水把幼體包圍起來，讓它乖乖地待在羊水裡，那它就不會乾掉了。若在囊的外面再加一層殼，那它就更不容易乾掉了。

這類演化出羊膜囊的動物被稱為「羊膜動物」，是能脫離水邊生活的陸地動物。爬蟲類或哺乳類就是從初期的羊膜動物演化而來的（很多人都誤以為哺乳類是從爬蟲類演化而來的）。然後，部分的爬蟲類更演化成了鳥類。

在這之後，爬蟲類或鳥類的系統，更進一步發展出適合陸地生活的特徵。牠們不是把氮變成尿素而是把它變成尿酸後，再排放出去。

換句話說，比起兩棲類，哺乳類更適應陸地生活，但比起哺乳類，爬蟲類和鳥類又更適應陸地的生活。

人並非演化最終端的物種

圖3-1的系統樹1和系統樹2，表示的是同樣的系統發生關係。但，給人的觀感卻完全不同。我們最常看到的是像1的系統樹。這個圖把人擺在演化最後面的位置，讓我們產生人類是最優秀生物的印象。

不過，若僅以是否適應陸地生活來比較，從系統樹2便可一目了然，蜥蜴或雞比人類更適應陸地生活。這張圖告訴我們，雞是出現在演化最後面的物種，牠好像才是最優秀的生物。

當然，出現在演化最後面的物種，既不是人也不是雞。鯉魚、青蛙、人類、狗、蜥蜴和雞，都是目前還存在的物種，所以，大家都是目前演化最終端的物種。鯉魚、青蛙、人類、狗、蜥蜴和雞，都是自有生命以來，經過四十億年的漫長時間，一步步演化而來的生物。

的確，從是否適應陸地生活的角度看來，這系統樹中最優秀的物種當屬蜥蜴和雞。不過，若從是否適應水中生活的角度來看，順序就完全相反

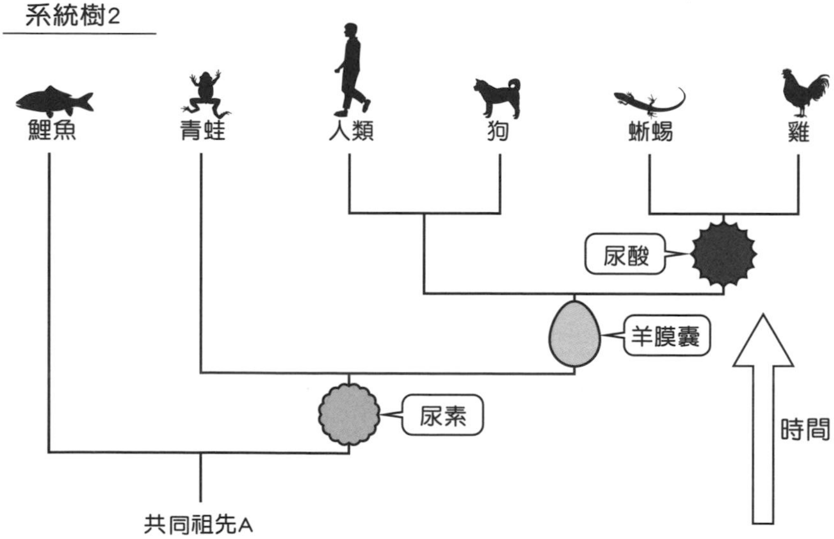

了。最優秀的當屬鯉魚，最失敗的則是蜥蜴和雞。此外，若從跑步的速度來看，最優秀的則非狗莫屬。

很明顯的，切入的角度不一樣，生物的「優秀」排序就會不一樣。沒有從古至今一直都很優秀的生物；也沒有無懈可擊，各方面都很優秀的生物。這點，大腦發達的生物也不例外。

比方說，大腦發達的生物就耐不住飢餓。大腦是大量消耗能量的器官，人類的大腦雖然只占體重的2%，卻要消耗全身近20%～25%的熱量。發達的大腦不斷地消耗熱量，導致我們必須不斷地進食。

如果發生饑荒，農作物收成不好，沒食物可吃的話，那大腦發達的人肯定會先死吧？因此，發生糧食危機時，腦袋小反而是一種「優勢」。正所謂：「有一好，沒兩好。」某方面的優勢，反映在另一方面卻是缺點。樣樣都優秀的生物，理論上是不存在的。生物為了適應不同的時空環境不斷地在演化，但這不代表牠們朝著什麼絕對的偉大目標在邁進。

因為演化並不是進步！

但是，人類就喜歡把演化想成進步。早在達爾文的《物種起源》出版之前，就有一堆人認為生物會演化。拉馬克也好，英國的羅伯特・錢伯斯（**Robert Chambers** 一八〇二～一八七一）、赫伯特・史賓賽（**Herbert Spencer**，一八二〇～一九〇三）也罷，他們都在《物種起源》之前就提出生物演化的想法。他們都認為演化就是進步。就算不認同「生存的偉大連鎖」，也會覺得生物是有階級排序的，而生物必須藉由演化，才能爬上較高的位子。

達爾文說得很清楚，演化並非進步。從他那個時代算起到現在，已經過了一百六十多年，然而，「生存的偉大連鎖」的思想一直在人們心中徘徊不去。這點從今日仍有許多主張人類是萬物之靈的書籍便看得出來。

或許會有這種主張的理由之一，是因為人類總是被擺在系統樹的最末端。不過，就像圖**3-1**的系統樹**1**和系統樹**2**告訴我們的，就算把生物擺放的順序調換過來，系統樹所顯示的系統發生關係也不會改變。

第四章 人類與腸道細菌的微妙關係

如何分辨前面與後面？

看著正在跑的電車，我們很容易分辨出哪一頭是電車的前端，哪一頭是電車的後面；往前跑的是前端，另一頭則是後面。不過，一旦電車停止了，又將如何呢？關於停止的電車，實在很難分出哪邊是前面、哪邊是後面，這是因為在沒有裝設車頭燈和車尾燈的情況下，電車的前後長得一模一樣。

反之，若是看著正在跑的小狗，我們會很清楚知道哪邊是前面、哪邊是後面。往前跑的是前面，另一頭則是後面。一旦小狗不跑了，又將如何呢？我們還是分得出牠的前面和後面。因為小狗的前後長得不一樣。

那麼，我們是看小狗的哪裡，才判斷出牠的前面的呢？頭嗎？還是眼睛？在回答這個問題之前，我們先來了解身體的基本構造吧！

若把人類或小狗的身體加以簡化的話，可以得到圖4-1的結論：我們的身體就像是一根管子貫穿一顆中空的球。球外圍的部分稱為「外胚層」，從這裡長出表皮或神經；從中間貫穿的管子則稱為「內胚層」，主要形成消化道；管子兩頭的洞，一邊是嘴巴，另一邊則是肛門。外胚層和胚層的中間也有細胞，這部分被稱為「中胚層」。從這裡會形成骨骼或肌肉等。

人類或狗，不像植物會行光合作用，必須進食才能活下去。所以，食物會從嘴巴進入消化道中，趁它通過消化道的時候，吸取其營養，然後，

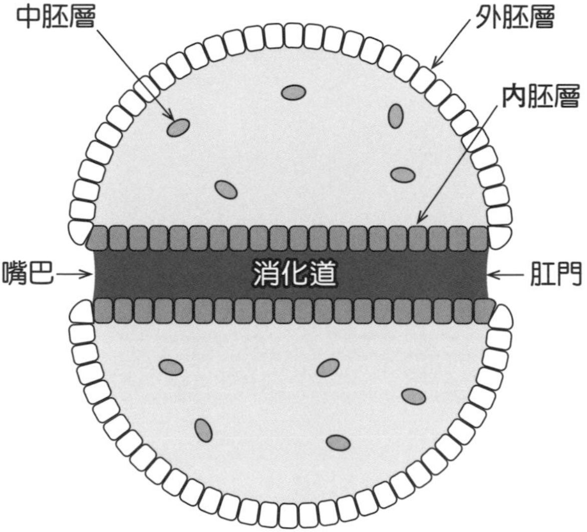

圖 4-1　簡化後的動物基本構造

不要的殘渣再從肛門排放出去。

我們吃的食物，大多是其他生物。不過，就像序章曾提到的，生物不會自己飛進我們的口中，我們必須自己移動主動就食。所以，當然是朝嘴巴開口的方向移動會比較方便囉。

大部分動物都是朝嘴巴開口的方面移動。所以，就算它不動了，停止了，我們還是分得出前後。嘴巴開口的那邊是前。順道一提，植物因為沒有嘴巴，所以也就沒有前後了。

沒錯，嘴巴是非常重要的器官。從嘴巴把食物吃進去，透過消化道，將其消化、吸收，再從肛門把廢棄物排泄出去，此乃動物的基本生存之道。要活就要吃，吃是比什麼都重要的事。

消化道裡全是細菌

要活就要吃，吃飯皇帝大。不過，人類光靠自己是無法完成吃這件事的，必須借助其他生物的力量，才能把這許多的食物消化光光。

消化道的內壁被稱為「上皮組織」，因為有黏液而顯得潤滑。這層上皮組織，會和身體外部的器官（嘴唇和肛門）相連接。因此，我們可以把消化道的內部想像成是身體的皮膚。

在消化道中住著的細菌，被稱為「腸道細菌」。消化道指的是從嘴巴通往肛門的這根管子。消化道的位置雖然位於身體的中間，但由於消化道的內部靠嘴巴與肛門與外界相通，換句話說，我們可以把消化道的內部想成是身體的外面。腸道細菌住在腸子裡，因此，若說它們是住在我們身體外面，也不為過。

說起腸道細菌，它們的數量可驚人了，我們人類的身體是由四十兆個細胞組成的；而腸道細菌的數量遠大於此，據研究，人類的腸道細菌大概有一千兆個那麼多。超過**99**%的腸道細菌住在大腸裡面；不過，因為它們的數量實在是太多了，就算只有少數住在小腸，數量還是很可觀的。

我們從嘴巴把食物吃進肚裡，經過消化道消化、吸收，剩餘的殘渣再形成糞便排放出去。不過，糞便並不全是消化後的食物殘渣。大概有一半是腸道細菌的屍體（當然，也有還活著的腸道細菌），其他有絕大部分是從消化道內側脫落下來的上皮組織細胞。食物的殘渣占糞便的一半都不到。

讓這麼多腸道細菌住在我們的消化道裡，我們卻還活得下去的理由，是因為大部分腸道細菌對我們是有益的。人類與腸道細菌是一種共生的關係；人類提供消化道這個溫暖且營養的環境給腸道細菌，相對地，腸道細菌不只幫助我們消化食物，還能保護我們避免被和食物一塊進入的壞菌感染。

腸道細菌會分泌一種特殊的酵素，幫助我們分解不容易消化的成分，更會在壞菌入侵時，通知人體的防禦細胞。一旦接獲通知，細胞就會釋放對壞菌有害的物質。此外，腸道細菌占領腸道內壁這件事本身，就是一種防禦機制。因為從外面進來的細菌也要有地盤才能活，沒地方可住，它們自然也無法做怪。

管內消化與膜消化

雖然，對我們而言，腸道細菌是值得感謝的存在，但我們與腸道細菌的關係，實際上是有點微妙的。

作為生物的能量來源，葡萄糖（glucose）是最常被使用的一種醣類。葡萄糖在醣裡面被稱為單醣，單醣是醣最小的單位，不能再進行分解，否則就不是醣了。

兩個單醣結合在一起便是雙醣。舉例來說，麥芽糖就是兩個單醣結合在一起的雙醣。然後，很多單醣結合起來便成為多醣。像澱粉就是很多葡萄糖結合而成的一種多醣。

我們為了把食物轉換成能量，必須消化它。所謂的「消化」就是把食物的分子「變小」。現在讓我們來看看，人體要怎樣把由許多葡萄糖結合而成的澱粉變小吧？

當我們吃進米飯，米飯所含的澱粉進入口中。這時，口腔會開始分泌唾液，唾液含有一種名叫「澱粉酶」的酵素，可以把原為多醣的澱粉分解成雙醣的麥芽糖。但是，實際上，食物待在口中的時間很短，因此澱粉只會被分解一部分而已，大部分的澱粉必須到達小腸後，才會被分解。

小腸的前端被稱為「十二指腸」，而位於十二指腸旁的胰臟會分泌出一種名叫「胰液」的消化液。胰液裡面也含有澱粉酶，可以把剩餘的多醣澱粉分解成像麥芽糖的雙醣。不過，為什麼只分解到雙醣呢？直接分解成可作為身體能源的單醣不就好了嗎？何況能透過腸壁吸收的也只有單醣呀？

讓我們再看看另一個例子。蛋白質是許多胺基酸結合而成的物質，而胺基酸含量較少的蛋白質（具體數量從幾個到二十個不等的），則被稱為「肽」（**oligopeptide**）。至於只有一個胺基酸的蛋白質，當然就直接稱為「胺基酸」了。

我們吃進蛋白質後，它會經過食道，進入胃裡。胃會分泌名叫「胃液」的消化液，裡面含有稱為「胃蛋白酶」的酵素，可以把蛋白質分解成肽。然後，沒分解完的蛋白質繼續前往小腸，再由胰液中的酵素（比方說「胰蛋白酶」或「胰凝乳蛋白酶」），把它分解成肽或單元更小的肽。

像這樣，不管在胃或小腸裡面，蛋白質都只被分解成肽，幾乎很少被分解成胺基酸。但明明只有胺基酸能透過腸壁被吸收呀（兩或三個胺基酸的結合也可能被少量吸收），為什麼身體只把它分解成肽呢？

在思考這個問題之前，我們先說明消化分成兩種：一種是前面已經講過的，在消化道內部進行的消化，所謂的「管內消化」，另一種則是「膜消化」。

前面提到，小腸的內側表面（內壁）被稱為上皮組織，形成黏膜上皮組織的細胞被稱為「吸收上皮細胞」。由這吸收上皮細胞的膜進行的消化便是膜消化，乃消化的最終階段。

比方說，結合兩個葡萄糖的麥芽糖，因為名叫麥芽糖酶（**maltase**）的酵素被分解成兩個葡萄糖。但如果是乳糖這種雙醣的話，就會透過名叫乳糖酶（**lactase**）的酵素，被分解成葡萄醣或半乳糖（**galactoce**）這兩種單醣。

再者，由蛋白質分解而來的肽，則由肽酶（**oligopeptidase**）等酵素被分解成胺基酸。然後，經過膜消化而產生的葡萄糖或胺基酸，會立刻被吸收上皮細胞所吸收，送往微血管。

與腸道細菌的競爭

不過話說回來，膜消化這種東西為什麼要存在呢？利用管內消化，直接把醣或蛋白質分解成單醣或胺基酸，不是省事多了嗎？這可能有兩個理由。其中之一就是人類與腸道細菌的競爭。

不管對任何物種來說，都是小分子比大分子好吸收。因此，比起大的麥芽糖或肽，小的單醣或胺基酸，肯定比較受歡迎。然而，打算從我們吃進去的食物獲取營養的生物，不是只有我們自己而已，還有其他生物——那便是腸道細菌。

人類的小腸裡有一大堆腸道細菌。雖然跟大腸相比數量已經少很多了，但還是很可觀。因此，如果在管內消化的階段就把食物分解成葡萄糖或胺基酸的話，那在它們被人體吸收之前，就已經被腸道細菌吃光光了。

是的，腸道細菌的存在，的確對人類來說是值得感謝的，但葡萄糖、胺基酸全部被吃光的話，我們就要餓肚子了。所以，等到要吸收的前一刻，再產生葡萄糖或胺基酸就好了。一產出就馬上吸收，這樣就不會被腸道細菌捷足先登了。

說真的，我們不是要跟腸道細菌過不去，但這也是沒辦法的事！當然，膜消化的運作模式，也有可能被腸道細菌捷足先登，不過，只是一小部分的營養，就不跟腸道細菌計較了。如果我們防守得太嚴，一點都不肯吃虧的話，這下換腸道細菌要餓死了，到時連我們自己都會有麻煩。

另外一個理由是滲透壓。前一章有講過滲透壓，不過當時只是簡單地說明，「滲透壓高」就是「鹽分太高」。人的身體有適合的滲透壓，一旦滲透壓失常，人就沒辦法健康地活下去。

鹽分高，跟鹽的多寡沒有關係，跟鹽的粒子數很有關係。鹽很多不打緊，只要它們集結成一大塊，那就鹹不到哪裡去。反之，鹽的總量一樣，但分子卻變小的話，鹽分就會升高。換句話說，當分子越小、粒子數越多時，鹽分就會越高。

而人體腸子內也有適合的滲透壓。不過，這裡決定滲透壓的不是鹽，而是醣，具體來說，是雙醣的麥芽糖和單醣的葡萄糖。如果在管內消化階段就把麥芽糖分解成葡萄糖的話，那粒子數就會變成兩倍。因為一個麥芽糖是由兩個葡萄糖組成的。如此一來，滲透壓就會升高為兩倍了。

當然，在消化的初期階段，滲透壓也有可能上升；不過，就算上升了，幅度也不會太大。是到消化的最後階段，醣的粒子數才會大幅激增。

所以，為了避免滲透壓產生如此劇烈變化，必須有膜消化的幫忙才行。

那麼，人類演化到有膜消化的理由，到底是這兩種的哪一種呢？恐怕兩者都有吧！此外，在演化的過程中，應該還有許多除了這兩者以外的理由吧？

演化是沒辦法事先規劃的。端看此刻、這一瞬間，怎樣做較有幫助，這樣而已。就算演化的方向一直在改變也不足為奇。只不過，當演化朝著一定的方向改變時，肯定不會只有一個理由。

不過，換個角度想，人類演化到有膜消化，不也證明了我們非腸道細菌不可嗎？話說回來，我們如今在地球上繁榮興盛、大鳴大放，怎麼連吃飯這件事都沒辦法自己解決呀？

第五章 現在連腸胃也演化了

已經成年了，卻還在喝奶？

達爾文錯了嗎？不，不是說達爾文講的全是錯的，而是最重要的部分，他講錯了。他主張「演化必經過極度漫長的時間，並緩慢進行著」，這部分他講錯了。但是，這個思維到現在依然廣受普羅大眾信服，並產生了許多誤解。

哺乳類，顧名思義，就是用母乳來餵養小孩。所以，理所當然的，哺乳類的幼兒都要喝奶，也都能喝奶。不過，哺乳類的大人（成年的哺乳類）就不喝奶了。為什麼長大就不喝奶了呢？那是因為哺乳類在長大之後，身體不再製造名叫「乳糖酶」的酵素。

乳汁的成分，各種動物不盡相同。例如，相較於牛的乳汁，人乳的脂肪含量就比較少；但身處寒帶的鯨魚或海豹，其乳汁的脂肪含量就非常高。雖然有這樣的差別，不過基本上，乳汁所含的醣主要都是「乳糖（lactose）」。

負責消化乳糖的酵素稱為乳糖酶。乳糖酶把乳糖分解成葡萄糖或半乳糖。我們的小腸可以吸收這些被分解後的葡萄糖和半乳糖，至於未經分解的乳糖則沒辦法為人體所吸收。

新生兒的主要能量來源為母乳中的乳糖。因此，新生兒必須靠乳糖酶來消化乳糖。然而，一旦過了吃奶的年齡，就不再需要乳糖酶了。所以，繼續製造乳糖酶就成為一種浪費。換句話說，成年後不再生產乳糖酶，對自然選擇而言，反而是有利的。

成人後若還在喝奶，會讓乳糖既不能被分解也不能被吸收。這時，腸道細菌會用其他方法來分解乳糖，而產生了甲烷和氫。於是，腹脹、腹瀉這些令人不適的困擾就出現了。因此，一般人長大後都不再喝奶。

不過，即使成年後，不代表乳糖的消化能力就完全消失。正常的情形大概會剩下孩童時期的十分之一。因此，乳製品中乳糖含量較少的，如：

起司或優格之類的，成人還是可以吃的。

不過，如果患有能持續製造乳糖酶的「乳糖酶持久症」的話，那麼就算成年了還是可以繼續喝奶。日本人裡有乳糖酶持久症體質的人可多了，正在讀這本書的您，應該有極大的機率，也是乳糖酶持久症的患者。

乳糖酶持久症因天擇而普及開來

乳糖酶持久症可說是一種遺傳性疾病。不過，就在幾千年前，開始有酪農業之後，患有這種遺傳疾病的人反而在自然選擇上變得比較有利。這點從乳糖酶持久症的突發性變異，因為天擇而變得普及，便是最好的證明。

當父母把**DNA**傳給孩子時，會發生所謂的「重組」。比方，母親從外祖父母那裡繼承了**DNA**，在她把這**DNA**傳給孩子之前，**DNA**會先重組，一部分外祖母的**DNA**會和一部分外祖父的**DNA**進行交換。**DNA**交換的區域，大概都有上百個基因在裡面。換句話說，鄰近的基因會一起進行交換，成為命運的共同體。

不過，重組時DNA被截斷的位置是隨機的，每次都不一樣。因此，歷經好幾個世代，不斷的截斷、交換，原本很近的基因有可能越離越遠。雖說兩個基因離得越近，在一起的時間就會越長，但不管離得多近，總有一天會因為重組而面臨分開的命運。

這時，若自然選擇對某個遺傳基因發揮了作用，會發生什麼事呢？假設此遺傳基因在自然選擇中，對遺傳有利的話，那這個基因就會擴展到其他許多個體，也就是會擴展到整個群體裡。擴展時，照理來說，不是只有此遺傳基因本身擴展而已，而會連同其周圍經重組過的遺傳基因一起擴展開來。

我們在調查此種現象時，實際使用的數據是看DNA的核酸序列。某一遺傳基因周圍的核酸序列會因重組而發生變化。另一方面，要是某一遺傳基因依天擇原理而擴展到群體的話，該遺傳基因周圍的核酸序列也會一起擴展到整個群體裡，此遺傳基因周圍許多個體的核酸序列也都會歸於一致。換句話說，重組是促使核酸序列改變的原動力，而自然選擇是促使核酸序列一致的推動力。

在此情況下，若天擇同化核酸序列的速度，快過重組產生變化的速度，那大部分個體的核酸序列幾乎都會相同。換句話說，觀察某基因附近的核酸序列方式，若它在大多數個體身上皆相同的話，那就代表自然選擇確實對該基因發揮了作用。實際驗證後，我們發現，帶有乳糖酶持久症的突變基因，其周圍的核酸序列，不管在哪個個體身上幾乎都是相同的。換句話說，乳糖酶持久症是通過自然選擇後形成的普遍結果。

喝奶到底有啥好處？

我們人類來到這地球上，已經快三十萬年了，但在大部分的時間裡，成年人類都是無法喝奶的。於此同時，帶有乳糖酶持久症的突變基因會持續不斷出現。不過，因為長大就不喝奶，所以就算有乳糖酶持久症的基因，也派不上用場。相反地，為了製造乳醣酶，還得花費多餘的力氣，這怎麼講都不划算。因此，乳糖酶持久症的突變基因才沒有普及開來。

不過，就在一萬年前左右，我們開始畜養牛、羊等牲畜，情況有了改變。隨著畜牧業越來越發達，擁有乳糖酶持久症基因的人，於生存上，反而變得有利了。

畜牧一開始的目的，可能只是為了動物的肉和皮，不過，家畜就在我們身邊，喝牠們的奶也變成是很正常的事。然後，乳糖酶持久症的突變基因，也可能會偶爾出現。就這麼剛好，患有乳糖酶持久症的人喝了家畜的奶，於是，比起不喝家畜奶的人，喝家畜奶的人攝取到更多的營養。因為他攝取到更多的營養，所以他誕下更多的子孫。於是，乳糖酶持久症就這麼普及開來了。

到目前為止，都是前面所提的DNA研究告訴我們的。但是，關於能誕下更多子孫的具體理由，還是有好幾種說法。

比方，北歐人大部分都能夠喝奶，據說這是因為當地日照不足的緣故。骨骼的形成，不可缺少維生素D。這不光是對小孩成長至為重要；長大成人後，骨骼仍會不斷地再生，因此，對成人而言，維生素D也很重要。

維生素D可以透過照射紫外線，由皮膚自行產生。因此，在日照不足、紫外線少的地方，維生素D的產出不夠，骨頭就容易生病。不過，好在牲畜的奶裡有很多鈣，鈣可以強健骨骼，所以，多喝奶，骨頭就不會生病了。

此外，北非人能夠喝奶的也很多。有人說，這是因為當地缺乏乾淨水源的緣故。非洲北部，特別是沙漠地區，非常缺水，就算有水也都是不乾淨的，沒辦法喝。反觀山羊或駱駝的奶，則是未受汙染的乾淨液體，所以，如果能順利消化乳糖的話，那就可以愛喝多少就喝多少了。

當然，除了北歐、北非以外，其他地區能夠喝奶的成人也很多。奶的營養價值很高，如果沒有特殊理由的話，能夠喝奶反而有利於生存。所以，自從有畜牧業以來，世界各地的人都變得越來越能喝奶了。

我們應該回到舊石器時代？

在美國等地，也有一派反對成年之後還在喝奶的聲音，認為牛奶（牛的乳汁）不是為了人類，而是為了小牛而製造的，人的身體本來就不適合喝牛奶，可人類硬要喝，這才造成了糖尿病、心臟病等疾病的產生。我們的身體好不容易才適應長達幾百萬年的舊石器時代生活，所以，我們應該學習舊石器時代的人類，回復舊石器時代的飲食才對。

這樣的意見不只出現在美國，日本應該也有人這麼想吧？是的，成年人的身體，本來就不是為了喝牛奶才長成現在這樣。然而，經過數千年的時間，我們的身體已經演化成能夠喝牛奶了。既然已經演化，那以前的常識就有可能變成現在的非常識。

再打個比方，以前人類的祖先住在海裡面，所以，身體的構造本來就不是為了在陸地生活而生。不過，現在身體已經演化到能夠在陸地生活。既然已經演化，那在陸地生活是萬惡根源、在水中生活才是王道的說法，就不成立了。現今的我們如果回到水中生活，那才會死得更快。

就像我們前面說過的，我們變得能夠喝奶，是自然選擇的結果。能夠喝奶的人比不能喝奶的人，誕下更多的子孫，所以自然選擇了能夠喝奶的人們。換句話說，能夠喝奶的人應該比不能喝奶的人還要健康吧？

也許這幾千年在北歐，不能喝奶的人深受骨頭毛病所苦，但喝牛奶的人卻過著健康的生活；也許在北非，不喝牛奶的人喉嚨乾得難受，但喝牛奶的人卻過著健康的生活。

部分人士主張：牛奶是萬惡根源，不喝牛奶才是邁向健康的王道。這種事根本就不存在，當然，喝太多會導致肥胖，這就另當別論了。過度飲食本來就會傷害身體，就算吃的是仙丹妙藥也是一樣的。

方向性選擇與穩定化選擇

「喝牛奶是不健康的」，之所以會產生這種想法，得從「演化是非常緩慢」的觀念說起。形成這觀念的原因之一，可能是因為達爾文的《物種起源》實在是太深入人心了。

自然選擇的運作模式主要分成兩種：一是方向性選擇，一是穩定化選擇（圖5-1）。當有利生存的變異突然發生時，自然選擇會增強這樣的變異，導致生物的特性朝著一定的方向變化；這便是方向性選擇，是促成生物演化的主要力量。

另一方面，當不利生存的變異突然發生時，自然選擇會發揮去除此一

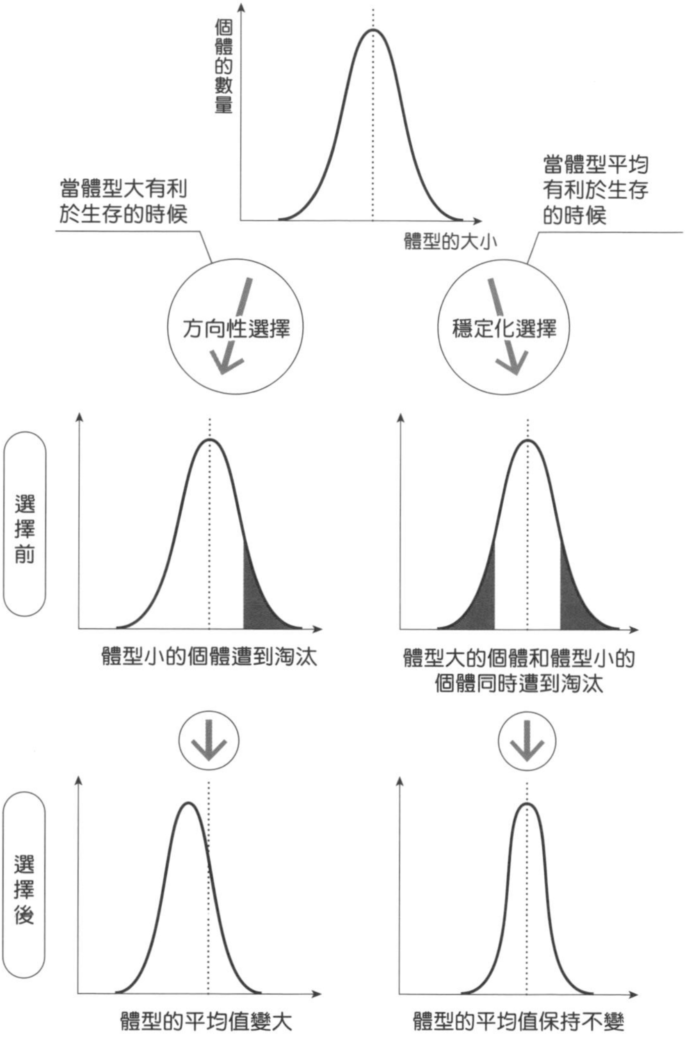

圖 5-1　自然選擇的運作模式

變異的作用。不利的特性對平均的特性來說，畢竟只是少數；所以，就算去除這不利的特性，也不會影響整體特性的表現。這個時候自然選擇發揮的，是讓特性穩定下來的作用。而這種穩定化的選擇，則是阻止生物演化的力量。

在達爾文的《物種起源》出版之前，穩定化選擇已經廣為人知。只是，因為穩定化選擇會使生物不進行演化，所以人們通常不會把它跟演化聯想在一起。不過，達爾文（與阿爾弗雷德·羅素·華萊士 **Alfred Russel Wallace**，一八二三～一九一三）發現了方向性選擇，確認這是使生物演化的主要力量；於是，達爾文同時知道了穩定化選擇和方向性選擇，同為生物演化的一部分。

不過，達爾文從來不重視穩定化選擇。反正，穩定化選擇是使生物不演化，對生物的演化並沒有幫助，所以在考慮演化時，直接略過它應該也沒差吧？其實這樣是不對的。

對演化這部正在跑的汽車而言，有利的變異就好比油門，方向性選擇會加速生物的演化；反之，不利的變異則是煞車，穩定化選擇會阻止生物的演化。通常汽車在跑時，我們會同時控制油門和煞車。不過，達爾文想到的汽車，是沒有煞車的。因此，達爾文的汽車是不會停的，只會不斷地往前奔跑。

如果有油門也有煞車的話，那汽車隨時都可以加速或停下。但達爾文的車沒有煞車，所以只能不停地往前奔跑。不過，這就奇怪了，明明一直在跑，從沒停下來過，怎麼看不出生物有何變化呢？因此，唯一的結論就是，演化的速度非常緩慢。不停地以極緩慢的速度在跑著，這便是達爾文認為的演化。

但真實的演化並非如此。真實的演化是同時踩著油門和煞車在行進的。比方說，成年人類在幾十萬年間，一直沒辦法喝奶。那是因為在還沒馴養牲畜之前，能喝奶的性狀特徵是不利的，所以演化踩了煞車，選擇保持穩定。但自從開始畜牧之後，成人能喝牛奶的特性反而是有利的。於是，演化踩了油門，選擇朝著這個方向前進；然後，就是能夠喝牛奶的成人變得越來越多。

當穩定化選擇在運作時，是不會演化的，但當方向性選擇在運作時，演化的速度會變得非常快，恐怕只要數千年的時間就足夠了。

隨著畜牧開始一段時間後，曾經能喝奶的成人比較多的區域，應該已經結束方向性選擇，開始穩定化選擇。於是，不能喝奶反而成為不利的性狀。因此，如果一直畜牧下去的話，能喝奶的成人將持續占大多數，而穩定化選擇也將持續運作下去吧？

演化的速度出人意料得快

事實上，成人能夠喝奶的突然變異，在各個地區發生過無數次。這意味著，這一萬年以來，方向性選擇發生了無數次，演化也發生了無數次，每次演化的時間都比一萬年短，這是確實無誤的。

有個研究假設擁有能夠喝奶基因的人，所誕下的子孫數量比平均值多了3%。在這樣的條件下，該基因大概七千年的時間，就能在群體中擴展開來。從演化的角度來看，七千年不過是一眨眼的工夫，不過，真實的情形應該更快吧？

可以喝奶的人類子孫數量只比平均值多了3%，這樣的估算太保守了。如果增加的不只3%（當然，真實情況如何不得而知），那大概只要幾百年的時間，該基因就能傳遍整個群體，變得十分普及。演化的腳步，出人意料地快呀！

例如，棲息在夏威夷群島的蟋蟀，就以非常快的速度在演化著。這種公蟋蟀因為翅膀的突然變異，變得不會鳴叫，因為不會鳴叫，寄生蠅就找不到它，於生存上反而是有利的。這樣的性徵，才花了五年的時間，就在夏威夷群島的蟋蟀身上傳遍了。換句話說，才五年就完成了演化。

但最後，我們還是要幫達爾文講講話。的確，達爾文在《物種起源》中曾反覆說道：「自然選擇以非常緩慢的速度在運作著。」但是，達爾文真正想強調的，並不是「非常緩慢」這部分。因為，在「自然選擇以非常緩慢的速度在運作著」的這句話後面，達爾文還說：「不過，只要經歷的時間夠久，就能產生巨大的變化。」

達爾文真正想說的是：「自然選擇能帶來很大的變化。」而不是「自然選擇的作用極其緩慢」吧？就算一次自然選擇的作用很小，但只要多累積幾次，就能產生巨大的變化，這才是他想要強調的重點。

當時，還是有很多人對演化有所懷疑——你看，經過了這麼長的時間，生物不是都沒有演化嗎？古代埃及動物的木乃伊，跟現在的動物長得都一樣嘛！因為把這樣的批評放在心裡，他才想說要辯駁一下：「演化確實有在進行，只是速度很慢，人們看不出來罷了。」所以，關於「自然選擇以非常緩慢的速度在運作」的說法，我們就不要太跟達爾文計較了！

第六章 人類的眼睛是多麼「失敗的設計」？

半成品的眼睛毫無用處

我們眼睛的構造十分複雜。這麼複雜的眼睛不可能一下子就演化出來，肯定得經過好幾個階段，才能慢慢地演化到位的。

不過，這時難免會產生讓人產生這樣的疑問：半成品的眼睛到底有何用處？於是，否定演化論的人開始提出以下的主張：

「眼睛這種東西，要完成了才有用，所以，它不可能是逐步演化而來的。半成品的眼睛，根本一點用處也沒有。所以，生物（包含眼睛在內）肯定是出於某個目的而存在（想像中，它應該像神一般），一口氣製造出來的。這樣想才是合理的。」

這種想法被稱為「智能設計論（intelligent design）」。事實上，這樣的主張在一百年前曾反覆出現過。最有名的，當屬英國的動物學者聖喬治．傑克森．麥沃特（**St. George Jackson Mivart**，一八二七～一九〇〇）針對達爾文的《物種起源》所進行的批判吧？

即使到了現在，仍有一定數量的人這樣主張。的確，這樣說好像也沒有錯。但，事實真的是如此嗎？

有演化與沒演化的差別

有某篇漫畫中的虛擬人物，是個窮光蛋，因為沒錢，所以買不起一整套西裝。碰到得穿西裝的場合，他也只能穿半套：前面一半。換句話說。從前面看，他確實穿了西裝了，但從後面看，他卻是光溜溜的。

假設穿西裝是一種禮儀的表現，那不穿西裝（譬如穿**T**恤或牛仔褲之類的）就是不禮貌的行為了。如果演化是朝有禮貌的方向在進行的話，那應該會從沒穿西裝的狀態演變到有穿西裝的狀態。換句話說，演化會如以下所示：

沒穿西裝↓有穿西裝

不過，考慮到中間階段，應該會有演化的時候（方向性選擇）和沒演化的時候（穩定化選擇）。如果只穿上半身，下半身穿牛仔褲也可以，就勉強算是有禮貌的話，既然演化是朝有禮貌的方向在進行，所以，應該會發生以下的演化才是。

沒穿西裝↓只穿上半身↓有穿西裝

不過，如果中間階段是西裝只穿前半身的話，那又將如何呢？從前面看，好像穿了西裝，但從後面看，卻是全裸的；這樣實在很難說是有禮貌呀！不，應該說比沒穿西裝還要失禮吧？但，既然演化是朝有禮貌的方向在進行，那這樣的中間階段就不應該發生才是。

沒穿西裝→只穿前半身→有穿西裝

是的，通往有穿西裝又符合禮節之路，不會只有一條。有只穿上半身的路，也有只穿前半身的路。同樣地，我們眼睛走過的演化道路，應該也有很多條。只是，有些路演化壓根就不會走。

聽到「半成品的眼睛」這句話，我忍不住在腦海裡浮現組裝到一半的機械畫面。我們在組裝機械時，應該都會先把零件一一製造出來，然後再把它們組裝起來。因此，所謂「半成品的眼睛」，應該就是類似的狀況吧？

比方說，晶體等眼球構造已經完成，卻還沒有連結到神經的眼睛。沒錯，這種發展到一半的眼睛，確實一點用處也沒有。它就好像西裝只穿前半身，不僅不合禮節，還失禮得很。因此，若演化是朝這條路線進行的話，那我們就無法想像眼睛這東西有在演化。只是，演化的道路不會只有一條，應該還有其他路線才是。

從各種眼睛得到的結論

要思考我們的眼睛是如何演化而來的，先讓我們看看其他動物的眼睛吧！眼睛有各種不同的形態，就舉其中最經典的幾種來做說明。

「能分辨明暗的眼睛」是目前被認為最單純的眼睛。能夠感受光線的細胞被稱為視覺細胞（或稱為「感光細胞」），這許多視覺細胞排列在一起，形成一層膜，便是視網膜。

人類的這層視網膜覆蓋在眼球的內側表面（內壁），但也有生物的視網膜是在身體的表面。在身體表面的視網膜看上去就像斑點一般，故而被稱為「眼點」（圖6-1之①）。

擁有眼點的生物，能感覺自己的身體照射到光線，卻不知道光是從哪個方向來。總之，它們能分辨的就只有明暗而已。這便是所謂的「能分辨明暗的眼睛」，例如：「刺胞動物」的水母，就擁有這樣的眼睛。

比「能分辨明暗的眼睛」更複雜一點的是「能分辨方向的眼睛」。眼點的視網膜中間若凹陷呈杯子形狀，那就不只可以分辨明暗，還可以分辨光的來源。這樣的眼睛被稱為「窩眼」（圖6-1之②）。

如圖6-1之②所示，窩眼的開口是朝上的。這時若光從右邊來的話，就只有杯子左側的視覺細胞會照到光；若從左邊來的話，則只有右側的視覺細胞會照到光。換句話說，看哪邊的視覺細胞對光有反應，就知道光是從哪個方向來的。擁有這類窩眼的生物非常多，像：「軟體動物」的蓋笠螺就是這樣的眼睛。

然後，比「能分辨方向的眼睛」更複雜的是「能分辨形狀的眼睛」。窩眼中間凹陷的部分沒有改變，只是洞口變小了，這樣的眼睛被稱為「暗箱眼」（圖6-1之③）。

暗箱眼的開口往中間收攏變窄，從外面進來的光線通過杯口時必須集中起來，等通過杯口後，才再度擴散開來，將上下左右顛倒的影像映照在網膜上。如此一來，便可得知所見物體的形狀了。

暗箱眼是能分辨形狀的犀利眼睛，卻有一個很大的缺點。因為它的入口實在是太窄了，窄到能進入的光線太少。但也不能因為如此，就把洞口擴大。因為一旦如此，光源就無法集中在一點，影像就會變得模糊了。

洞口越小，映入的影像就會越清楚鮮明，但也因為這樣，影像會變得非常暗。像：軟體動物的鸚鵡螺就擁有這樣的暗箱眼。鸚鵡螺的暗箱眼洞口算大的；因此，它所看到的影像應該會比較明亮，卻有點模糊吧？但，還在可以忍受的範圍之內就是了。

暗箱眼所見的影像，如果能聚焦的話就會非常暗，如果很亮的話就會非常模糊。不過，其實有一個方法，可以讓影像既清楚又明亮。那就是把

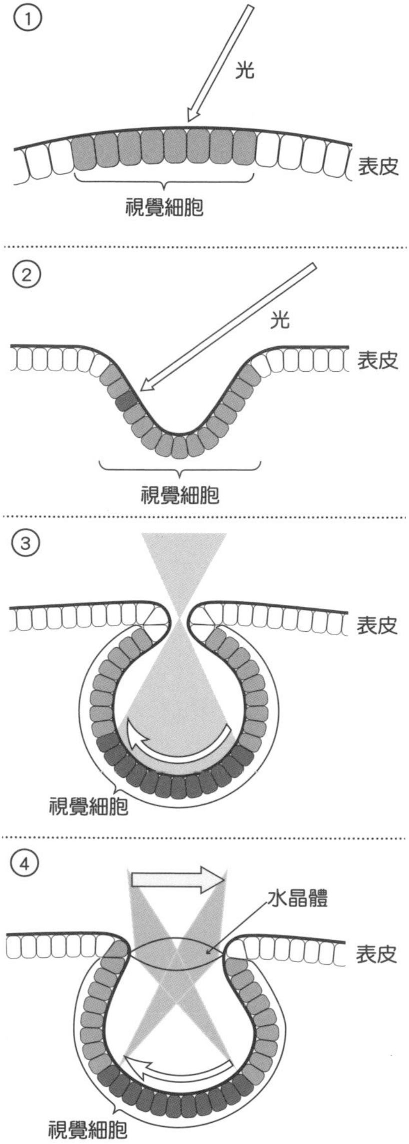

圖 6-1　眼睛的演化

暗箱眼的洞口開大一點，再把水晶體嵌入進去。洞口變大，可以讓更多光線進來，就會變得比較明亮，至於聚焦的問題就交給水晶體吧！這樣的眼睛被稱為「透鏡眼」（圖6-1之④）。我們人類的眼睛，正是這樣的透鏡眼。

眼睛演化的道路有好多條

人類的透鏡眼是怎麼演化來的？前面講過先把眼睛的零件一一製造出來，再全部組裝起來，這不失為一個方法。然而，這樣的演化在現實中是行不通的。不過，演化的路線不會只有一條。例如，前面所說的從單純之眼循序演化而來的道路，就是生物眼睛演化的整個歷程。

身體表面的細胞變成視覺細胞，成為可以分辨明暗的眼點。接著，眼點中間產生凹陷，成為能分辨光線來源的窩眼。然後，原本向外張開的窩眼的杯口縮小，變成可以分辨物體形狀的暗箱眼。最後，在暗箱眼的開口嵌入水晶體，成為透鏡眼。這便是現在我們所擁有的眼睛。

這樣的演化路線，現實上是說得通的。因為，每個階段的眼睛，各有其階段性的任務，也發揮其階段性的功能。然後，每個階段的眼睛慢慢產生變化，逐漸演變成下一階段的眼睛。所以說，我們現在擁有的透鏡眼，真的有可能是演化而來的。

「半成品的眼睛沒有任何用處」，反對演化論的智能設計論者是以這樣的思維為前提，導出「眼睛不可能是演化而來的」結論。不過，還有一個前提，智能設計論者故意忽略沒講出來，那就是「演化的道路不會只有一條或少數幾條」。所以，他們自然無法根據思考實驗，去想像眼睛是演化而來的。

然而，若能以「演化的道路有好多條」為前提，我們就能利用思考實驗，想像出我們眼睛演化而來的過程。於是，「眼睛是演化而來的」這個說法，就一點也不奇怪了。

然而，剛剛利用思考實驗所想像的演化過程（眼點→窩眼→暗箱眼→透鏡眼），卻不一定是真實的演化之路。因為想像得到的演化路線，應該有無數條。「眼點→窩眼→暗箱眼→透鏡眼」的路線，充其量只是其中一條而已。

那麼，我們的眼睛到底是走哪條路演化而成的呢？可能有人會說：既然是以前發生的事，那去查看化石不就好了嗎？然而，遺憾的是，化石似乎無法回答這個問題。

人類是哺乳類，在動物的分類上，哺乳類再上一層是脊椎動物；換句話說，我們是脊椎動物中的哺乳類。目前發現最古老的脊椎動物化石之一，是出現在寒武紀（五億四千一百萬年前～四億八千五百萬年前）的魚類：豐嬌昆明魚（學名：***Myllokunmingia fengjiaoa***）。豐嬌昆明魚是沒有下巴的魚，被歸入「無頜總綱」。據說，這豐嬌昆明魚已經有透鏡眼，只是無法從化石得知其細部的結構。

順道一提，同樣也是出現在寒武紀，卻不是脊椎動物，而是與它血緣相近的皮卡蟲（屬名：***Pikaia***）就沒有眼睛。目前知道的就只有這些，至於透鏡眼到底是怎麼演化而來的？仍是未解之謎。

眼睛的演化

因為無法從化石了解透鏡眼的演化之路，所以，我們該就此放棄嗎？不，也許去研究目前尚存的脊椎動物的眼睛，還是能找到些許蛛絲馬跡。

事實上，最早的脊椎動物是沒有下巴的。然後，下巴演化了，於是現在大多數的脊椎動物都有下巴。不過，沒有下巴的脊椎動物，有些到現在還活著，例如：八目鰻和盲鰻，就屬於沒有下巴的無頜總綱。他們的嘴沒有下巴，而是呈圓口的形狀，鼻孔也只有一個。跟其他有下巴的魚類不一樣，一般認為這是原始特徵的殘留。

不過，八目鰻的眼睛，已經像其他脊椎動物一樣，演化成透鏡眼了。另一方面，盲鰻的眼睛仍是很單純，連晶體都沒有，所以也稱不上是透鏡眼。盲鰻的眼球埋在皮膚底下，其上的皮膚沒有色素，呈現白色。應該是為了讓光通過皮膚底層，所以特意呈現白色的吧！外表看上去，就像是白色的斑點。這樣的眼睛，形狀是分辨不出來的，但明暗應該沒有問題。所以，當盲鰻被光照到時，它會馬上往幽暗處移動。

不過，令人遺憾的是，盲鰻的眼睛仍不足以讓我們了解脊椎動物的眼睛是怎麼演化來的。為什麼呢？因為古老的盲鰻化石告訴我們，它們原本是有發達的眼睛的。恐怕盲鰻的眼睛並不是原始狀態的遺留，而是從透鏡眼退化而來的。盲鰻一般都棲息在陰暗的海底深處，就算擁有透鏡眼，也沒啥用處，不是嗎？

如果以上的推測是正確的，那現存的無頜類的祖先，應該已經擁有透鏡眼了。換句話說，就算去研究現存的無頜類，也無法了解透鏡眼是怎麼演化而來的。

但是，讓我們多點耐心，繼續追蹤下去。在生物的分類上，我們屬於脊椎動物，而脊椎動物再上一層是脊索動物。除了脊椎動物外，頭索動物、被囊動物都是脊索動物。例如：文昌魚就屬於頭索動物。雖說名稱有個「魚」字，但文昌魚不是魚，因為「魚是脊椎動物」。

文昌魚沒有脊椎，卻有由有機物形成的脊索。這條脊索從身體的前頭一路往後延伸。緊貼著脊索的後面是一條神經管，它也是從身體的前面一直延伸到後面。

文昌魚沒有所謂的眼睛，卻有能感受光線的視覺細胞（感光細胞）。這視覺細胞零星分布在神經管中。而在神經管的最前端，就有被稱為「眼點」

的視覺細胞。視覺細胞藏在身體裡面，這聽起來很不可思議，但因為文昌魚的體型小又透明，所以光確實可以抵達神經管。

這些視覺細胞是否等同於脊椎動物的視覺細胞，不得而知。不過，有報告指出，在文昌魚的視覺細胞裡發現的基因組合，和在脊椎動物的視覺細胞裡發現的，十分類似。當然，光憑基因組合類似，並無法說明脊椎動物的眼睛是從文昌魚（稱不上眼睛）的眼睛演化而來的。但至少可以說，文昌魚這稱不上眼睛的眼睛，有很大的機率相當於脊椎動物的眼睛。

假設，脊椎動物的眼睛是從如文昌魚的視覺細胞演化而來的，那剛剛所想的演化路線就完全不對了。因為，想像中，最初的視覺細胞是在身體的表面，但文昌魚的視覺細胞卻是在神經管裡面。

我們這複雜的透鏡眼，到底是怎麼演化而來的？不得而知。期待未來的研究可以給我們明確的答案。不過，可以斷言的是，要破解演化的歷程，不需要特地把智能設計那套理論搬出來。

有前進也有後退的演化

我們早已習慣以自我為中心去思考事情，習慣認為人類的眼睛是完成品，其他動物的眼睛是未完成品。究其因，恐怕是因為我們一直抱持著演化是直線在進步的觀念；然而，演化根本不是這樣。演化會向左，也會向右；會前進，也會後退。特別是當環境產生變化時，為了追趕上變化，演化也會不斷地改變路線。

視覺細胞分為視桿細胞與視錐細胞。前者對光敏感，即使少量光線，都能讓它產生反應。因此，要在黑暗中視物，視桿細胞會比較好用。相對地，視錐細胞雖然感光度低，但能分辨顏色。大部分的脊椎動物（許多魚類、兩棲類、爬蟲類和鳥類）都擁有四種視錐細胞，能分辨出四種顏色（四原色視覺）。

然而，大多數哺乳類卻只有兩種視錐細胞（二原色視覺）。因此，許多哺乳類沒辦法分辨細微的顏色差異。人類中有所謂的「紅綠色盲（分不出紅色與綠色）」，在哺乳類中是非常普遍的現象。

畢竟哺乳類比較需要光線（因為夜行生活多），而視錐細胞對於光線不敏銳，在黑暗處無用武之地，無用的東西特意製造出來也無用武之地，所以就算四種視錐細胞全湊齊了，也沒啥用處。於是，視錐細胞就從四種被減為兩種了。

然而，這時出現了一批猴子，其視錐細胞種類又增加了，從兩種演化成三種。靈長類很多都生活在樹上，以樹木的果實或葉子為食。這時候，如果分辨不出哪個是紅色果實、哪個是綠色葉子（或分辨不出成熟的紅色果實及不成熟的綠色果實），那不是很麻煩嗎？所以，有必要增加視錐細胞的種類。因此，人類的眼睛之所以從四原色視覺減少成二原色視覺，又增加為三原色視覺，便是這樣來的。

不只色覺，人類就連眼睛的數量也不斷在改變。我們的祖先脊椎動物（此時，爬蟲類和哺乳類還是同一種生物），本來是有三隻眼睛的：頭的側邊兩隻，頭頂上一隻。我們的祖先曾在水中棲息，或許就是用這頭頂上的眼睛，來偵測在上方游泳的敵人或獵物吧？

到現在，八目鰻或日本草蜥（蜥蜴的一種）頭頂上都還有第三隻眼。

不過，這被稱為「顱頂眼」的眼睛，依舊只能感覺明暗而已。這大概是為了感知晝夜節律而存在的。反觀，人類的顱頂眼已經退化，現在我們只有兩隻眼睛。就這樣，人類的眼睛從零個增加為三個，又從三個減少為兩個。

演化不是一直線走到底的，它會前進也會後退。因此，若一廂情願地認為我們所擁有的眼睛是完美的成品，這想法就太奇怪了。但是，若說誰最有資格「認為自己的眼睛是完成品，因為它實在是太優秀了」，那肯定不是我們人類，而是鳥類。尤其是鵰或老鷹的眼睛，其性能要比我們的優異太多了。

我們的眼睛只是半成品？

鵰或老鷹的眼睛，視覺細胞的密度極高，而且，它們就像前面所說的，視錐細胞多達四種，所以肯定要比我們的優秀許多。但是，鳥類的眼睛比較優秀，似乎還有其他理由。

不只脊椎動物有透鏡眼，軟體動物的花枝、章魚也有，只是，兩者的不同之處，是牠們的視網膜與神經纖維的位置不同。視網膜是把光轉換成電子訊號的場所，神經纖維則負責把這電子訊號傳送到腦部。

脊椎動物的神經纖維從視網膜往眼球內側延伸。換句話說，神經纖維位在視網膜受光的那一側。這實在是很奇怪的配置。因為，光線進來會先被神經纖維擋住，這樣就看不清楚了。但是，花枝或章魚的眼睛，就沒有這麼奇怪的配置了。神經纖維乖乖地位在網膜背光的那一側。不管怎麼想，這樣才是合理的？

不過，脊椎動物的視網膜與神經纖維順序倒過來也不是一無是處。它的好處在於體積小。神經纖維擋在網膜的前面，雖然會讓眼睛性能變差，但是眼球的體積卻可以縮小。

而且，如果不計較性能的話，會發生什麼事呢？某個研究指出，當性能相同時，視網膜和神經纖維的前後順序對調的眼睛，體積反而變輕巧。神經纖維擋在視網膜的前面，就性能而言會比較差沒錯，但是作為彌補，體積輕巧也非壞事。

鳥類要在空中敏捷地飛翔，身體輕巧是必要的，或許視網膜和神經纖維順序對調的眼睛反而是有利的。身體輕巧對我們這種在地面行走的動物或許沒差，但對在天空飛行的鳥類而言，這是非常重要的事。不小心從祖先那裡繼承了視網膜和神經纖維順序倒過來的眼睛，對鳥類而言可能是一種幸運也不一定。

那麼，如果我們站在鳥類的立場來想的話，又會發生什麼事呢？鳥類的眼睛在各方面都很優秀。如果鳥類以自我為中心去思考事情的話，肯定會覺得自己的眼睛才是完美的成品、上帝的傑作吧？說不定牠們還會覺得人類的眼睛才是半成品，是出包的劣質貨呢？

不過，實際上，演化並沒有所謂的完成或未完成。一旦環境產生變化，再「完美」的成品都有可能失去作用。所有生物都是「不完美」的，所以演化這件事才會發生啊！

第2部

人類是如何成為智人的？

第七章 腰痛是人類的宿命

昆蟲與脊椎動物

地球上有形形色色的生物。總共有多少種不得而知，不過，據說光是有學名的就有兩百萬種。實際上，地球上現有的生物種數，應該遠大於此。

這其中，種類最多的當屬昆蟲，大概占了一半，有一百萬種之多。因此，有人說昆蟲是現今地球上最成功、最繁榮的生物。昆蟲之所以這麼繁榮的理由之一，就是牠們會飛吧？會飛這件事，不但能讓牠們躲過捕食者的追殺，要尋找食物或交配的對象，也十分方便。藉由翅膀，牠們可以到各個地方去，探索不同的環境。

相形之下，脊椎動物有正式學名的不過就六萬種。而且，不像昆蟲到目前為止，一直有新品種被發現；脊椎動物發現新品種的機率與昆蟲相比起來要少很多。脊椎動物共分為：魚類、兩棲類、爬蟲類、鳥類、哺乳類等五大類。除去魚類不算，剩餘的四大類（所謂的陸生脊椎動物）要找到新品種，幾乎是不可能的事。順道一提，脊椎動物的六萬種裡面，魚類就占了一半以上。

雖說如此，脊椎動物也算是現今地球繁盛的族群之一。的確，就種類數而言，牠們遠遠比不上昆蟲。但是仔細想想，只比較種類的多寡，似乎有點不公平。畢竟，脊椎動物的體型較大。在地球這個有限的空間裡，生物棲息之所也是有限的。因此，體型越大越占空間，個體數自然會減少。個體數減少了，當然，種類也會比較少囉。

於是，也有不比較「種類」而比較「重量」的做法。根據以色列的生物學家 **Bar-On** 在二〇一八年所做的估算，所有脊椎動物的重量加起來，似乎勝過所有昆蟲的總重量[5]。

再者，昆蟲大多棲息於陸地，但脊椎動物除了陸地以外，也有不少住在海裡。從寒帶到赤道，從淺海到深海。脊椎動物生活在地球所有海域中。所以，就地理上來說，脊椎動物生活的區域要比昆蟲的來得寬廣。

5. Bar-On et al.（2018）,*"The biomass distribution on the Earth"*, PNAS, 115, 6506-6511.

還有，方才說到昆蟲之所以興盛的理由之一，就是因為牠們擁有飛行的能力；然而，脊椎動物中也有能夠飛翔的。飛翔這件事似乎挺困難的，在漫長的動物演化史中，總共也才演化了四次。其中一次發生在昆蟲身上，另外三次發生在脊椎動物（翼龍、鳥、蝙蝠）中。就這方面來說，脊椎動物也不輸給昆蟲。

順道一提，除了昆蟲和脊椎動物，其他動物的飛行能力一次也沒演化過。但是，能夠滑翔的動物倒是挺多的。飛行必須在天空保持同樣的高度持續地飛翔一段時間，但滑翔只是降低高度往下滑就可以了。說到滑翔，像：白頰鼯鼠、鼯鼠、飛蜥、飛蛇、飛蛙、飛魚、赤烏賊……等，都是赫赫有名的會滑翔的物種。

魚一定要有脊椎嗎？

脊椎動物能夠如此興盛的理由到底是什麼？脊椎動物因為有脊椎才被叫做脊椎動物；所以合理的推論，牠們繁榮的理由應該是因為脊椎吧？

我們人類也是脊椎動物，解剖學稱它為「脊柱」。始於頸椎，終於尾骨，看上去就像是一根長長的棒子。然而，實際上，它是由三十二～三十五塊（數量因人而異）被稱為「椎骨」的骨頭堆疊而成的。

每一塊椎骨可分成前側和後側，前後之間還有縫隙。前側的形狀有如平滑的罐頭，被稱為「椎體」。後側凹凸不平的部分，稱為「椎弓」。至於中間的縫隙，則被稱為「椎孔」。名叫「脊髓」的神經，便是從椎孔的中間通過。

脊椎的構成除了保護脊髓外，更負責支撐起我們的身體。脊髓和大腦合在一起，統稱為「中樞神經」。中樞神經非常重要，所以大腦是由頭蓋骨來保護，至於脊髓，則由脊椎保護。

此外，若沒有脊椎的話，我們將無法站立、無法走路，不，恐怕連坐著都有困難。因此，脊椎可以說是支撐我們身體的重要骨頭。

毫無疑問的，脊椎非常重要。脊椎的演化恐怕從寒武紀就已開始，也就是說，至今已經五億年了。這麼長的時間，脊椎動物一直保有脊椎，往繁榮的路上邁進。只是，五億年前的脊椎動物，幾乎都還是魚類呀。對魚類而言，支撐身體這件事，真的有那麼重要嗎？

住在海裡的水母一旦來到陸地，就會被重力給壓碎，變成軟趴趴的果凍。所以水母只要好好待在海中，就可以保持原有的形狀。因此，連水母都可以保持形狀的海中，有必要用到脊椎這種東西嗎？

一開始骨頭只是「儲藏庫」？

仔細想想，或許脊椎有許多其他功能，但與形狀完全無關，例如成分。我們脊椎的主要成分是磷酸鈣，不光是脊椎，我們的骨頭、牙齒，也是由磷酸鈣組成的。只要我們還活著，鈣就是不可或缺的生命元素。神經細胞要傳遞訊息、肌肉要收縮、受傷了需要讓血液凝固……，這些都需要用到鈣。

鈣是如此重要，但，要用到時再補充鈣就來不及了。何況，含鈣的食物也不是隨時都可以取得。因此，事先把它儲存在體內會是比較好的做法。於是，骨頭就變成鈣的儲藏庫了。而人體99％的鈣都藏在骨頭裡面。

然後，各式各樣的荷爾蒙再促成「骨吸收」（把鈣從骨頭釋放出來）或「成骨作用」（把鈣放入骨頭裡面），藉此調節血液中鈣的濃度，把鈣送往必要的組織中。

也許，五億年前最初形成的骨頭，一開始的功能只是磷酸鈣的儲藏庫吧？就如前所述，骨頭的主要成分是磷酸鈣，所以，除了鈣以外，骨頭也有可能是磷酸的儲藏庫。事實上，人體針對骨頭，除了有調節血液中鈣濃度的荷爾蒙，也有調節磷酸濃度的荷爾蒙。

有脊索，身體就不會變短

我們吃進食物後，食物會順著食道、胃、小腸、大腸，在消化管中慢慢地往前移動。這個往前移動的動作被稱為「蠕動運動」，就是把食物從消化管粗的地方推往細的地方的運動。消化管不需改變形狀，只要讓粗的部分和細的部分產生波浪連動，食物就能順勢往前推移。

消化管的肌肉分成兩層，內層是環肌，外層是縱肌。消化管進行蠕動時，有的地方會變粗，有的地方則變細。要變細很簡單，只要把該部分的環肌收縮就行了，但要變粗就有困難了。消化管的肌肉只會收縮，不會伸展。因此，不可能伸展環肌，讓部分的消化管變粗。

但方法還是有的：不要動環肌，收縮縱肌就可以了。如此一來，消化管的管壁就會向外擴而變粗。換句話說，收縮環肌，消化管雖然變細，卻會增長。相反地，收縮縱肌，消化管雖然縮短，卻能變粗。

蚯蚓也會運用類似的蠕動，幫助自己前進的。收縮環肌，使身體變長，身體的前端往前延伸。接著，收縮縱肌，使身體變短，身體的後端就能順勢往前收。除了這個方法，還有其他方法可以讓動物移動。

舉個例子，第六章提到的文昌魚，牠雖然不是脊椎動物，卻是脊椎動物的近親。生物分類上，動物界大概被分成三十五個門，其中一個門就是脊索動物門。脊索動物門下又分出三個亞門，分別為：被囊動物亞門、頭索動物亞門和脊椎動物亞門，而文昌魚就屬於頭索動物亞門。

文昌魚沒有脊椎，卻有脊索。脊索跟脊椎一樣，是從前面延伸到後面的棒狀結構，貫穿整個身體。只是，脊索不像脊椎演化為礦物質。但它是由纖維組成的管子裡，塞滿膠質；雖說沒有脊椎那麼硬，但還是有硬度的。

文昌魚的身體有縱肌，但沒有環肌。不過，因為體中有脊索，只能靠縱肌的收縮來移動。只是，脊索不會收縮，所以文昌魚就換個方式移動，那就是「游泳」。譬如，收縮身體右側的縱肌，身體就會往右側彎曲，收縮左側的縱肌，身體則會往左側彎曲；一左一右下來，便可以移動身軀。

從「儲藏庫」變成脊椎

脊椎動物的祖先應該就像前面所說的，是有脊索、身體不會縮短的動物吧？這樣的動物若要在體內儲存磷酸鈣的話，哪裡會是最好的位置呢？不得而知。不過，儲存在脊索裡，應該是不錯的選擇。至少脊索夠強韌，會是個儲存磷酸鈣好地方呢！

況且，讓脊索成為磷酸鈣的儲藏庫，還有另外一個好處，那就是：磷酸鈣的質地很硬，可以保護身體最重要的神經——脊髓。

從寒武紀的化石中，我們發現脊髓原本位在脊索之上。換句話說，脊髓比脊索更接近背部的表面。所以，一旦背部受傷，脊髓也會馬上受傷。脊髓這樣的中樞神經受傷了，會導致身體麻痺，無法隨心所欲地行動。不過，要是有磷酸鈣像屋頂般，罩在脊髓上面的話，就可以保護脊髓了。這樣就算背偶爾受點小傷，也不會馬上就傷到脊髓。

前面說到，形成脊椎的每塊椎骨，都分成前（椎體）、後（椎弓）兩個部分；而椎弓就等於保護脊髓的屋頂，這屋頂的部分非常重要，據稱它有可能比椎體更早演化出來。

就這樣，脊椎演化了，不但取代脊索，便於游泳，更有保護脊髓的功用。不僅如此，比起脊索時代，動物的泳技又更精進了。因為肌肉緊緊包覆著骨頭，而骨頭又很硬，所以肌肉的動作能很快就傳達給神經。

於是，動物有了各種泳技：有像鰻魚那樣，扭動全身游泳的；也有像鮪魚那樣，左右擺動尾巴游泳的。總之，脊椎對游泳來說，真是很方便的構造。

豎直的脊椎

從脊椎演化以來，已經有五億年，算一算真是很長的時間。脊椎對游泳而言很好用，但人類已經不太游泳（至少大部分時間）。相對地，我們的脊椎主要用來支撐我們直立的身體。

魚的脊椎或許也有支撐魚體在水中保持水平的功能。不過，同樣都是「支撐」，對在陸地生活、直立行走的人類而言，把身體撐起來會更為重要。換句話說，當脊椎動物登上陸地之後，脊椎的功能已經從為了方便游泳變成為了支撐身體。

當然，功能不可能一夕之間改變。五億年這麼長的時間，發生了很多事。讓身體、尾巴水平移動而學會游泳的魚，一部分登上了陸地，變成了四肢動物。四肢動物的身體也是水平移動的，只是牠們是在陸上移動。例如：兩棲類的山椒魚，爬蟲類的蜥蜴、蛇……等，基本上也是水平地扭動身體來使自己移動。

四肢動物的其中一部分演化成哺乳類，以上下擺動身體在地面上移動。仔細觀察奔跑中的獵豹，會發現它們的背上下起伏得很厲害。它們的脊椎十分柔軟，可以做大幅度的彎折。然後，哺乳類中的一部分演化成人類。人類直立起來，變成用兩腳走路，於是脊椎也豎直起來。

脊椎動物這種生物，還真是憑一己所好，任意地使用脊椎。一會兒讓它水平地左右彎曲，一會兒讓它上下地起伏擺動，一會兒又讓它豎直起來，這五億年以來，牠們一直把脊椎利用得很徹底。

於是，有人說，就是因為我們讓脊椎直立，以不自然的姿勢生活，才會讓自己這麼辛苦。例如，椎體之間有被稱為「椎間盤」的軟墊。多數四肢動物的脊椎都是跟地面呈水平的，不太會讓椎間盤承受太大的壓力。然而，人類為了讓身體直立起來，一直對椎間盤施加強大的壓力。隨著年紀增長，椎間盤的膠狀物質會被擠壓出來，於是，被稱為「椎間盤突出」的症狀就出現了。嚴重的甚至會壓迫到脊髓，引發劇痛。而這種脊椎的毛病，最容易發生在腰的部位。

我們人類的脊椎，是由七節頸椎、十二節胸椎、五節腰椎、五節薦椎、三～六節尾椎組合而成的。人類有五節腰椎，但是黑猩猩的腰椎卻只有四節。而且，黑猩猩的骨盆比較長，剛好就扣在下面兩節腰椎的兩側。因此，黑猩猩的腰椎沒辦法自由地活動。相形之下，人類的骨盆比較短，五節腰椎也就靈活了許多。

話說，不管是人類的腰椎，還是黑猩猩的，都是從骨盆的前側，往斜上方延伸出去。因此，若是順勢把脊椎拉直，身體就一定會往前彎。這時，直立的人類會把腰往前頂，好讓脊椎能豎直起來。這點黑猩猩就做不到，不過，人類的腰椎本來就比較靈活，這對我們來說不算什麼。

是的，人類的腰椎比黑猩猩的靈活，但也因此，人類遇到了黑猩猩不會遇到的問題。舉例來說，玩具人偶如果手腕會動的話，通常那個部位也比較容易壞。不管任何東西，經常動的部位就是比較脆弱。像黑猩猩的腰椎沒有那麼靈活，就不會有腰痛的問題，但人類的腰因為常動，所以腰痛就找上門了。

雪上加霜的是，腰椎還要承受身體大部分的重量。脊椎是豎直的，越往下，承受的壓力就會越大。腰椎必須承受上半身所有的重量，也難怪人類會那麼容易腰痛。

脊椎的不自然使用方式

四肢動物的脊椎原本是與地面平行，呈水平狀態。可偏偏人類要把脊椎豎直起來，於是一堆毛病就產生了。所以，經常聽到有人這麼說，我們是演化的不良品囉，但真是這樣嗎？

仔細想想，其實四肢動物使用脊椎的方式，也不是那麼符合自然。脊椎原本是為了游泳而生的，一開始卻被魚作為磷酸鈣的儲藏庫。如此說來，脊椎本身就是個不自然的存在。畢竟，脊椎這東西早期是沒有的。

其實，人類的脊椎跟其他動物的脊椎比起來，並沒有比較違反自然或工作得比較辛苦。舉例來說，我們的脊椎共有三十二～三十五節，每一節脊椎的形狀都不一樣。如果把它們打散了，再重新拼湊起來並不困難。

另一方面，是椎體會往下逐漸地加寬加大。越是下面的椎體，承受的身體重量就會越大，所以必須要變大才行。

此外，我們的脊椎呈現S型的曲線。剛剛提到，我們的腰椎會向前凸，上面的胸椎則是向後凹，然後再上面的頸椎又向前凸。這S曲線只有我們人類才有，黑猩猩就沒有。之所以如此，大概是為了適應我們直立這件事。具體來說，就是為了幫忙吸收衝擊的力道。當人體在跑、跳的時候，雙腳著地時所受的衝擊，全由脊椎吸收，若是筆直的脊椎是做不到這件事的。

冷靜地想，脊椎豎直這件事，或許也沒有那麼嚴重。如果我們像河馬那麼重的話，就算用四隻腳走路，也會對脊椎造成龐大的壓力吧？不，就算不重，但像獵豹一樣，讓脊椎劇烈起伏地全速奔跑，施在脊椎的壓力應該也不小吧？

說不定，導致我們腰痛最大的原因，是因為老化！野生動物還等不到腰痛就死掉了。最近，小狗、小貓等寵物，似乎有越來越長壽的趨勢。高齡化的寵物就算體重再輕，用四隻腳走路，也經常有脊椎的問題，不是嗎？

為何脊椎可以五億年都不敗？

我們直立用兩條腿走路，已長達七百萬年。改變性狀以適應環境，竟然需要這麼長的時間。不過，說實話，我們還適應得挺好的。比如說，椎體往下逐漸加大，或是脊椎呈現S曲線之類的。

不過，這時就有一點讓人納悶了。如果脊椎真的那麼重要、無可取代，那它五億年都存在著就不足為奇了。但是，明明這五億年以來，脊椎的功能一直在改變。一下子是儲藏庫，一下子是游泳、跑步，又是提供身體支撐，又是保護脊髓的。

這些功能中，大概就是作為磷酸鈣的儲藏庫這點上，是持續最久都沒有改變的。可是此點功能其他器官也能做到，不是非脊椎不可。我們可以如蝦子或螃蟹一般，把礦物（這時是碳酸鈣）儲存在身體的外面，也就是甲殼裡面。總之，找個地方把它存放起來就行了。

然而，就在二〇一七年，東京大學的入江直樹團隊發表了值得參考的研究成果[6]。

6. Hu et al.（2017）,"*Constrained vertebrate evolution by pleiotropic genes*", Nature Ecology & Evolution, 1, 1722-1730.

基本上，生物的性狀是由基因決定的。不過，一個基因未必只決定一種性狀。一個基因可能與許多性狀都有關聯，也就是一個基因決定多種RNA或蛋白質的表現。這樣的基因被稱為「多效性基因」。

多效性基因可能就在某次的表現上，與多數性狀產生關聯。但是，在生物從受精卵發育的過程中，在不同的時間點上，多效性基因可能多次影響多種性狀。就因為如此，一個基因的突變使多種性狀同時產生變化，在胚胎發育的各個階段，這樣的變化若不斷產生，將導致生物容易死去。於是，為了避免這樣的情況發生，多效性基因會按兵不動，長時間都不改變。

在脊椎動物發展的過程中，有所謂的器官形成期。不可思議的是，這器官形成期看不到多樣性的變化，而且幾乎所有脊椎動物都一樣。於是，入江團隊大規模分析比對脊椎動物在胚胎發育過程中的基因訊息，發現它們大多是多效性基因。而脊椎的形成，就是在這多效性基因最多的時候。

該不會，脊椎長達五億多年都不改變的理由，並不是因為它的功能很重要，而是脊椎產生的時期，多效性基因太多了，因而制約了脊椎的多樣性發展。

若真是這樣的話，那在未來，脊椎仍會繼續留在我們體內。不管腦袋變大還是變小；不管是維持直立的姿勢，還是回到原本的四肢爬行；我們永遠都會是脊椎動物。看來人類要逃離腰痛的宿命，恐怕是不可能了！

第八章 人類比黑猩猩「原始」？

用手取代腳的動物

人類擁有四肢，藉以行動。前肢是手臂和手掌，後肢是腿和腳掌。從肩膀到手腕是手臂，前面的部分是手掌，而從鼠蹊（大腿根部）到腳踝是腿，前面接著腳掌。

有這樣的概念後，我們先來進行一項思考實驗吧！假設我們不只前肢接著手掌，連後肢都接著手掌的話，我們會過著怎樣的生活呢？雖然有點怪，但還是請你試著想像一下，要是我們連腳掌都換成手掌的話，會怎樣呢？

應該還是可以走路吧？手掌貼著地面，慢慢地往前走，應該不成問題。不過，或許拇指會有點礙事。我們的手掌，拇指和其他四指的方向是不同，這是為了方便抓握東西。可是，如果是在平坦的地面行走的話，就不用抓握什麼東西，也就用不到拇指了。不僅如此，拇指往旁邊凸出，如果勾到東西還會被絆倒，倒不如沒有拇指的好。

可是，一味地說拇指不好，好像不太公平；其他手指也不是沒有問題。特別是在跑步的時候，大拇指外的四根指頭，走路或許還行，但跑步就很礙事了；因為指頭太長，根本就跑不快。

我們在海邊從事潛水等活動時，都會穿上像魚鰭的巨大蛙鞋。你只要穿著這蛙鞋在岸上走一遭，就知道怎麼回事了。穿著蛙鞋根本沒辦法跑步，走路或許沒那麼難，但跑步可就難上加難了。拇指以外的四根指頭雖然沒有蛙鞋那麼長，但奔跑起來還是挺礙事的。

或許你會想，這只是想像，現實生活中不可能有這麼奇怪的生物，猿猴這類生物被稱為「靈長目」，以前也叫做「四手目」。顧名思義，四手就是有「四隻手」的意思。其實，要是你看過黑猩猩的腳底板，讓你分辨「這是手、還是腳？」的話，應該有很多人會回答說「這是手」吧？是的，黑猩猩的腳就是跟手這麼像。至少，牠們的腳比我們的腳更像手。

為什麼猿猴的腳會跟手長得這麼像呢？這是為了方便爬樹。猿猴大都住在森林裡，如果能手腳並用一起抓握樹枝的話，在樹上生活會比較方便。換句話說，靈長類中，只有我們人類是例外。人類的手從四隻減為兩隻，成為所謂的「二手類」。

順道一提，靈長類發展出黑猩猩系統和智人系統之後，就分道揚鑣了。屬於智人系統的所有生物，統稱為「人類」。人類包含很多個物種，智人便是其中的一種，也是現存唯一的人類。

黑猩猩的手與智人的手

猿猴屬於靈長目，其中演化成使用兩手的則成為人類。若是這

黑猩猩的手（左）與智人的手（右）

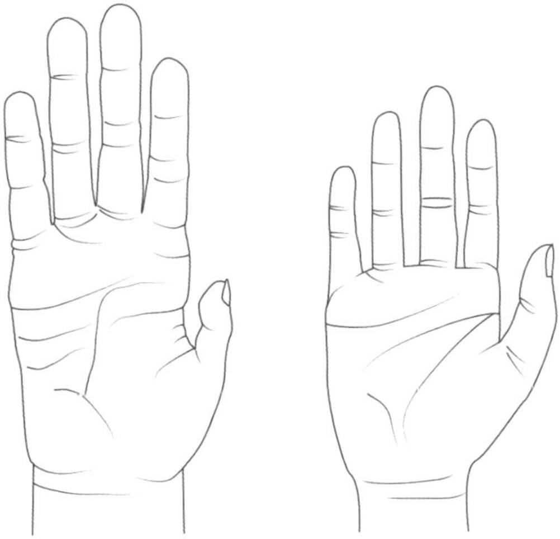

麼看，我們人類還真是特別的存在。因為在一大票四手並用的靈長目生物中，只有我們是極為少數的「二手類」。然而，我們真的有那麼特別嗎？

且讓我們比較一下智人的手與黑猩猩的手。兩者都有五根手指頭，但是指頭的長度和硬度大不相同。黑猩猩的拇指小小的，感覺好像是裝飾用的，但其他四指卻比我們的長，也比我們的粗大。

黑猩猩的拇指長度與其他手指的相差很多。因此，黑猩猩不像我們那樣，可以把拇指和其他四指合起來抓握東西。

通常我們拿取比較小的東西，會利用拇指和食指的指尖把東西捏起來。可是，黑猩猩因為食指比拇指長很多，所以只能用拇指的指尖和食指的側邊指腹把物體夾住。我們在用鑰匙開門時，也會這樣使用手指，但即便在這樣的情況下，我們也能把鑰匙夾得更緊。

若要拿取比較大的東西，我們就會讓拇指與其他四指對合，緊緊地抓握住。反觀黑猩猩則不使用拇指，而是彎曲四根手指，以包覆似的狀態抓住物體。是的，就抓握技巧而言，黑猩猩要比我們遜色多了。話說，黑猩猩的其他四根手指，為什麼要長得那麼長呢？

這應該是為了懸吊在樹枝上比較方便吧？指頭越長，就越能把樹枝包覆住，握力也會越大，這樣就可以長時間懸吊在樹枝上了。而且，黑猩猩的四根手指不只長，還顯得有點彎曲。就算把手掌攤平了，還是會呈現抓東西的形狀。如此一來，就能把樹枝包覆得更緊了。

但，反過來說，擅長把手掌往內彎，就是手掌較無法外翻的意思。黑猩猩手腕內側的肌肉和肌腱比較短，沒辦法把手腕向外拗折。也因為這樣，造就了黑猩猩獨特的行走方式。

黑猩猩偶爾會用兩腿走路，但大部分時間還是用四腿行走。四足步行的時候，牠們的腳掌會平貼著地面，但手掌卻是呈半握拳狀，只用指頭的外側抵著地面，支撐身體前進。

這種步行方式稱為「關節行走」（**knuckle-walking**）。不只黑猩猩，矮黑猩猩、大猩猩也是採取這樣的行走方式。具體來說，就是彎曲手指，用拇指以外的四根指頭的第一關節與第二關節（從指尖數來，依序是第一關節、第二關節）的中間那段，抵著地面行走。附帶一提，紅毛猩猩就不是用關節行走了。雖然有點像，但確實不是關節行走。紅毛猩猩除了彎曲手指，還會彎曲腳趾，形成施力點，同時用手腳的外側抵著地面，拖行似地往前進。

我們的手很特別嗎？

相比之下，我們（人類）的手，就沒有顯現出能懸掛在樹枝上，或是用關節行走的特徵，以及為了方便這些行為，而補強手腕骨骼的構造（黑猩猩等動物就有）。

我們的手除了拇指以外，其他四根指頭都比黑猩猩的短，但我們的拇指卻是又長又堅固（雖然還是比其他四指短，但絕對比黑猩猩的長）。正因為拇指與其他四指的長度差距並不大，所以我們只要利用五根手指的指尖，就可以牢牢地把物體抓住。

而且，只要我們把強壯的拇指和其他四指合在一起，就算要抓大一點的物體，也不成問題。以前，我們的祖先會打造石器，必須用石頭去敲打石頭。敲打的時候力道要很大不說，角度還得正確。因此，能牢牢握住石頭的手，應該非常好用吧？

這種手的構造，不只在打造石器上，對各種器具的發明，肯定也是幫助很大。想到它甚至催生了現代高度發展的科技，就更令人讚嘆了。

於是，在順序上，我們會習慣這麼想：人類的手是從黑猩猩的手演化而來的。不過，事實似乎正好相反，應該是：黑猩猩的手是從人類的手演化而來的！

這個問題，得從人類與黑猩猩的「最後共同祖先」來做判斷——他們的手到底是像人類的手，還是像黑猩猩的手。

這裡，先岔開話題，說明一下什麼是「最後的共同祖先」。

大約在七百萬年前，人類的系統與黑

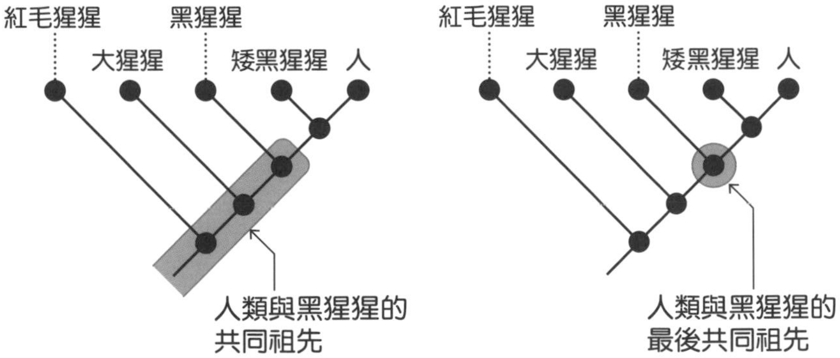

圖 8-1　共同祖先與最後共同祖先的差別

猩猩的系統開始產生分支。而活在七百萬年前，一直到人類與黑猩猩分支的前一刻，都還存在的生物，便是我們的共同祖先。

當然，共同祖先不會只有一個。活在七百萬年前的共同祖先，也有自己的祖先，其祖先的祖先，都是人類與黑猩猩的共同祖先。所以說，人類與黑猩猩的共同祖先，有一陣子是魚，有一陣子是細菌。因此，當我們專指活在七百萬年前的共同祖先時，會加上「最後」兩字，稱牠們為「最後的共同祖先」。

言歸正傳，如果人類與黑猩猩的最後共同祖先，手長得像黑猩猩的手的話，那就代表人類的這個系統發生變化，從黑猩猩的手演化成人類的手。（但，這也意味著黑猩猩的系統沒任何變化。）

相反地，如果最後共同祖先的手長得像人類的手，那就代表在黑猩猩的系統產生了變化，從人類的手演化成黑猩猩的手。（而這也意味著人類的系統沒什麼變化。）

所以，實際的狀況到底是哪一個呢？為了找到答案，我們先來看兩塊化石。

「原始」與「派生」

第一塊化石是一九四八年發現，被稱為「原康修爾猿」（**Proconsul**）的人猿化石。原康修爾猿大約生活在距今兩千萬年前，曾經被認為是黑猩猩的祖先。不過，現在大家都知道，黑猩猩系統與人類系統分支，是在七百萬年前。兩千萬年前的話，要比這個早太多。

活在黑猩猩與人類分支之前，又曾是黑猩猩的祖先，那牠不也是人類的祖先嗎？所以，原康修爾猿是人類與黑猩猩的共同祖先囉？又或者是「最後共同祖先」的近親？

話說，原康修爾猿並沒有適合懸吊在樹枝上或以趾關節行走的身體特徵。換句話說，牠並沒有像黑猩猩那樣，長而捲曲的四根手指頭，也沒有手腕補強的骨骼結構。於是，科學家推測：原康修爾猿應該是手掌、腳板平貼在地面（或樹幹上），用四隻腳走路的。

再來看看另一塊化石，是生活在大約四百四十萬年前，被稱為「始祖地猿」（**Ardipithecus ramidus**）的人類。始祖地猿是比較早期的人類，一般認為，牠保有人類「原始」的特徵。不過，從始祖地猿的手，也看不出有利於掛枝或關節行走的特徵。

在這裡我們用到了「原始」兩字。但是，這個原始跟「原始人」或「原始時代」的意義不太一樣。「原始人」或「原始時代」的原始，有「早期的」「未開化」的意思。然而，在生物演化中經常用到的「原始」，並沒有這樣的意思。

當子孫擁有和祖先一樣的性狀時，我們會說這個子孫的性狀比較原始。而當子孫擁有跟祖先不一樣的性狀時，我們則會說這個子孫的性狀是「派生」（分化出來）的。

舉例來說，現存的四肢動物（兩棲類、爬蟲類、鳥類、哺乳類）的指頭，都是五根或少於五根。沒有生物有六根以上的指頭。科學家認為，這是因為現存四肢動物的最後共同祖先，只有五根指頭。至於少於五根的，則是從五根減少分化而來的；換句話說，現存人類（智人）的指頭，跟最後共同祖先一樣是五根，所以牠們比較原始。反觀，現存馬的指頭只有一根，所以牠們就是派生（分化出來）的。

但是，不管是「原始」還是「派生」，都是相對的，不是絕對的。比現存四肢動物的最後共同祖先更早來到這世界的四肢動物，有七指的，也有八指的。這些遠古脊椎動物的最後共同祖先，到底有幾根指頭，我們不得而知，但假設有八根好了，若真是這樣，那人類的五根指頭就算是派生了。

換句話說，從現存四肢動物的最後共同祖先有五根指頭來看，人類的指頭是原始的。但是，若跟所有四肢動物的最後共同祖先（有八根指頭）做比較，那人類的指頭就是派生的。

我們言歸正傳。接下來，就讓我們一邊參考兩塊化石，一邊思考人類和黑猩猩的最後共同祖先的手，應該長什麼樣子吧！

假設，兩者最後共同祖先的手像黑猩猩的手，因為始祖地猿是比較早期的人類，按理說，牠的手多少會留有黑猩猩的特徵。然而，始祖地猿的手並沒有黑猩猩的特徵，所以人類與黑猩猩的最後共同祖先的手，就不太可能是黑猩猩的手。

接著，我們再看看原康修爾猿的化石。原康修爾猿，是比人類和黑猩猩的最後共同祖先更早來到這世上的人猿，而這原康修爾猿的手長得像人類的手，所以人猿很有可能本來就有像人類的手。若真是這樣的話，那黑猩猩的手就是派生的，我們人類的手才是原始的。

人類與黑猩猩的最後共同祖先

但是，「人猿原本就有像人類的手」的說法，會碰到一個問題。那就是長得像黑猩猩的手，必須個別經過無數次演化才行。若人類的手是原始的、比較像祖先的手，那黑猩猩、大猩猩、紅毛猩猩的手，都必須分別演化出屬於自己的性狀。這樣的事，有可能發生嗎？為了查證此事，讓我們再度回到化石吧！

西瓦古猿（Sivapithecus），是生活在約一千萬年前的人猿。由於牠獨特的臉型跟現存的紅毛猩猩很像，被認為是紅毛猩猩的近親。據推測，應該是在一千五百萬年前左右，發展成黑猩猩或大猩猩等其他人猿的系統，與發展為紅毛猩猩的系統產生分支。

因此，西瓦古猿應該出現在紅毛猩猩與黑猩猩、大猩猩分支之後，屬於紅毛猩猩的系統。而且西瓦古猿可能就是紅毛猩猩的祖先，或是跟紅毛猩猩的祖先血緣很近的人猿吧？

前面已說明過，紅毛猩猩身上沒有用指關節行走的特徵。不過，因為牠經常懸掛在樹枝上，所以有利於掛枝的特徵。然而，西瓦古猿的化石卻幾乎看不出來有任何掛枝的特徵。

如果說西瓦古猿是紅毛猩猩的祖先的話，那紅毛猩猩獨有的掛枝動作，就是在系統發展的過程中演化而來的。也就是說，牠跟黑猩猩或大猩猩各自發生了演化。既然紅毛猩猩能單獨發展出屬於自己的掛枝動作，那黑猩猩或大猩猩各有各的演化也就不足為奇了。

若真是這樣的話，就沒有問題了。黑猩猩的手是派生的，人類的手才是原始的。換句話說，就算從長得像人類的手，演化到長得像黑猩猩的手，也沒啥好奇怪的。

我們總習慣性地認為自己是特別的存在，是從其他人猿跨一大步演化而來的。在我們的觀念裡，其他人猿，例如：黑猩猩，都沒有演化。這樣的想法發展到極致，就是我們認為人類和黑猩猩的最後共同祖先，應該就像黑猩猩那樣。

人類的系統與黑猩猩的系統分支開來，已經過了七百萬年。這段期間，黑猩猩的系統幾乎沒有改變，只有人類的系統一直在改變，這種事有可能發生嗎？照理說，兩邊的變化應該差不多才是。

是的，發展到人類的這個系統，確實出現了比較明顯的變化。人類的大腦變大了、體毛變少了，這些都是一目了然的。不過，持平而論，人類系統的變化應該與黑猩猩系統的變化相差不遠。因為，在我們人類的身上，可是保留了比黑猩猩還多的原始特徵啊！

第九章 自然選擇與直立兩足行走

明天的事，明天再說

「你需要用錢？那我給你十塊吧？不過，若你可以多等一天……明天、明天我給你十億！」

聽到這裡，你肯定願意多等一天吧！只要多等一天，十塊就變成一億，應該沒有人會忍耐不了吧？但是，自然選擇（天擇）就是忍耐不了。明天的事，誰管得了那麼多，先拿到十塊，過了眼前再說。眼睜睜地看著一億元從面前跑掉，這就是自然選擇。

自然選擇是演化的主要機制。那些讓我們大開眼界的生物超高性能，像是遊隼能以三百公里的時速俯衝直下，或是能產生數十億種抗體的人類免疫系統，都是自然選擇的傑作。

不過，另一方面，自然選擇的進程無法等待，也做不到深謀遠慮，即便自然選擇會讓生物朝適應力高（亦即留下更多子孫）的方向演化，但這個「適應力高」指的也只是「當下、此刻」的適應力高。

我們人類是用兩腿走路的動物，因為是把身體直立起來走路，所以被稱為「直立兩足行走」。無庸置疑地，直立兩足行走是物競天擇的結果；換句話說，直立兩足行走，於人類是有好處的。具體來說，變成直立兩足行走後，我們就可以把手騰出來，邊走路邊搬運食物什麼的，這點似乎挺重要的。

不過，你一定還是覺得哪裡怪怪的吧？雖說人類已經演化到站起來、用兩條腿走路，但在那之前，我們應該像猴子或其他人猿一樣，也是用四隻腳走路。那麼，我們是怎麼從四足行走演化到直立兩足行走的呢？這中間又是怎樣的一種感覺呢？

從四足行走過渡到直立兩足行走之間，難不成我們都彎著腰、搖搖晃晃地走路嗎？不，這實在很難想像。要嘛就完全四足行走，要嘛就完全直立兩足行走，這樣適應力才會好呀！若是遇到肉食動物，看是要逃跑、要爬樹，還是在樹林間盪來盪去，怎樣都比彎著腰、勉強用兩條腿走路來得強吧？因為，這樣的走路方式（姑且稱它為彎腰行走），被肉食動物吃掉的機率，肯定會高出許多。

換句話說，彎腰行走的環境適應力，肯定比四足行走的低。若真是這樣的話，自然選擇就不會讓人類從四足行走演化到彎腰行走。但是，原本四足行走的雙親也不可能一夕之間就生出兩足行走的子孫，肯定有所謂的過渡階段。到底，這中間的過程是怎樣的呢？

如果要爬大樹

請試想看看，我們要攀爬一棵大樹，這樹不但高聳入雲霄，樹幹還很粗大。因為實在太粗大了，所以樹幹的表面幾乎沒有樹結。當然，樹幹還是圓柱形的，只是表面十分平整。若是這種大樹的話，要怎樣才能順利爬上去呢？

如果有像松鼠尖尖的鉤爪，能插進樹幹的表皮裡，那麼就算是這種大樹，人類也能輕鬆爬上去。

不過，若是人類的手要爬上這種大樹就有困難了。你說用手握著樹幹嘛，但樹幹太粗了，根本就握不住。包括我們在內，所有靈長類動物的手，大多是拇指與其他四指對合，被稱為「拇指對向性」，一般認為是為了方便爬樹演化而來的。不過，當樹太大時，我們的拇指對向性就比不上松鼠的鉤爪那麼的好用了。既然如此，我們的手幹嘛要演化成拇指對向性呢？

想弄清楚這件事，先換爬比較小的樹吧！如果這樹小到我們可以用兩隻手抱住的話，那要爬上去就不成問題。就算沒辦法把樹整個環抱住也沒有關係。人家猴子不也是半抱著樹幹，就這麼爬了上去。

通常樹越往上爬，樹枝就會越細。因此，來到水平伸出的樹枝上頭時，就要小心不能摔下去；換句話說，身體要保持平衡，避免向左倒或向右倒。不過，就算再怎麼小心，偶爾還是有失去平衡的時候，必須趕快把身體拉回來才行。這個時候，你說是鉤爪比較方便，還是拇指對向性的手比較方便？

接下來的比喻可能有些奇怪。假設你的眼前，有一根直徑十公分，長一百公分的棍子；你把這棍子立起來，想讓它轉動。這個時候如果是用鉤爪扣住棍子的表面，肯定不太好轉動吧？因為鉤爪會一直滑出去，沒辦法使力。但如果是拇指對向性的手就方便多了。因為它可以把棍子牢牢握住。

走在樹枝上，要把東搖西晃的身體拉回來，基本上，就像讓豎直的棍子來回轉動一樣。只是一個是身體轉，一個是棍子轉。要在水平延伸的樹枝上，保持身體的平衡，肯定是拇指對向性的手比較好用。樹枝粗的時候，鉤爪也可派上用場，但隨著樹枝越來越細，拇指對向性的手就會方便許多。

那麼，假設樹枝又更細的話，會發生什麼事呢？樹枝細，代表很容易折斷。任憑拇指對向性的手抓得再緊，一旦樹枝折斷，還是免不了會掉下來。這時可能就是四肢抓著一根樹枝，直接摔落地面吧？那麼，要怎麼做才能讓樹枝不會折斷呢？

如果要爬小樹

要安全地走在細小的樹枝上，只需把重量分散就好了。換句話說，不要四肢全抓在同一根樹枝，手腳分開抓不同的樹枝就可以了。如此一來，重量不會全掛在一根樹枝上，樹枝自然就不容易折斷。況且，這根樹枝斷了，還有其他樹枝可以依靠，也不至於摔個四腳朝天了。

是的，要同時抓住好幾根樹枝，穩當地在樹上行走，一定是兩足行走比四足行走方便。譬如說，下肢走在樹枝上時，上肢就可以騰出來抓住其他的樹枝。

只要樹幹不那麼粗，拇指對向性的手就會比鉤爪方便。隨著樹枝越來越細，兩足行走又會比四足行走方便。當然，這種說法太過簡略，把事情單純化了，因為現實生活中，難免會有例外。

人類在靈長目裡，算是體型比較大的生物。然而樹枝和動物的大小關係，是相對的，並不是絕對的。倘若樹枝沒有變小，而是動物變大的話，那結果還是一樣的。

前一章講到的早期人類始祖地猿，在樹上用兩條腿走路的可能性就非常高。始祖地猿雖然是直立兩足行走的動物，但它腳的大拇指和其他四指是分開的，所以它也可以用腳去抓樹枝。換句話說，它的手腳四肢都可以抓握樹枝。體重五十公斤的始祖地猿，如果不手腳並用同時抓住好幾根樹枝的話，那它在吃樹枝末端的果實時，肯定會把樹枝壓斷吧？

曾經有人認為，直立兩足行走是為了適應草原生活而演化的。若真是如此，那勢必得經過彎腰走路這種適應力差的過渡階段。不過，從適應力高的四足行走變成適應力差的彎腰跛行，不可能出於自然選擇的演化。

如果是在樹上演化成用兩條腿走路的話，就沒有問題了。體型變大的人類祖先，想吃長在樹梢的果實。如果是四足行走地沿著一根樹枝爬，可能還沒碰到果實，樹枝就已折斷。不過，若是彎著腰，手腳並用地同時抓住好幾根樹枝的話，就可以在不壓斷樹枝的情況下，慢慢地接近果實，順利地吃到它。

只要不從樹上掉下去，就能既吃到果實，又不會受傷。所以，從樹上掉下去的次數越少，代表對環境的適應力就越高。換句話說，比起四足行走，彎腰行走的適應力可能更高。於是，在自然選擇的作用下，從四足行走變成彎腰行走的演化就發生了。

從四足行走演化到直立行走，必須經過彎腰行走的過渡階段。不過，在地面上，彎腰行走的適應力要比四足行走的低，因此不可能從這個方向去演化。反觀，於體重夠重的情況下，在樹上彎腰行走的適應力，比四足行走的高，於是就有可能演化成直立兩足行走了。

為什麼黑猩猩到現在仍是四足行走？

黑猩猩或大猩猩等人猿，很多都是所謂「沒有尾巴的猴子」，但牠們的體重都比猴子的重。特別是大猩猩，比我們人類還重。如果體重變重，就會演化成直立行走的話，那為什麼其他的人猿，沒有演化成直立行走呢？為什麼到現在黑猩猩仍用四條腿走路呢？

日本江戶時代有個廣為流傳的俗諺說：「風越吹，賣木桶的就越賺錢。」風吹是因，木桶店賺錢是果。基本上，這個邏輯要成立，必須有一連串條件配合才行。

條件一：大風吹，塵土飛揚。

條件二：沙子跑進人的眼睛，導致人失明。

條件三：失明的人跑去買三味線琴，學彈三味線琴。

條件四：三味線琴大賣，貓減少（三味線琴的皮是貓皮）。

條件五：貓減少，老鼠增加。

條件六：木桶全被老鼠咬壞了。

條件七：木桶被咬壞，得買新的木桶。

條件八：木桶大賣，賣木桶的就賺錢了。

這個諺語經常被當成笑話來講，不過，讓我們態度認真地來思考一下。大風吹，真的會讓賣木桶的賺大錢嗎？

這八個條件，不可能百分之百都吻合。就算沙子跑進眼睛，也不一定會失明。失明的人也不會全都跑去買三味線琴。那假設每個條件符合的機率有八成好了。比如條件三，假設失明的一百人中，有八十人會去買三味線琴，這中間總共有八個條件，所以木桶大賣的機率就會是0.8乘以八次：

0.8×0.8×0.8×0.8×0.8×0.8×0.8×0.8=0.167…

換句話說，木桶店賺錢的機率是17%，不賺錢的機率是83%。不賺錢的機率要比賺錢的機率高多了。

仔細想想，剛剛講的「如果體重變重的話，在樹上，彎腰行走的適應力會比四足行走的高，於是，就有可能進一步演化到直立行走了。」的邏輯，不也跟「風越吹，賣木桶的就越賺錢。」如出一轍嗎？

我並不是說在樹上演化到直立行走的那番言論全是胡扯。事實上，始祖地猿以一邊用手抓樹枝一邊用腳在樹上走路的可能性非常高。再者，如果沒有在樹上的兩足行走（或彎腰行走），是不可能演化到直立行走的，這個說法也沒錯。

只是，在樹上用兩條腿走路，並不代表一定會演化到直立兩足行走。

在樹上的兩足行走有各種方式，而直立兩足行走只是其中一種罷了。所以才說，它跟風吹木桶大賣的邏輯一樣，有太多不確定性。

假如有人問你：「為什麼生物會從單細胞演化到多細胞？」肯定有很多人會回答，因為多細胞生物比較優秀，並列舉各種成為多細胞生物的好處。話雖沒錯，卻也不是永遠百分之百成立。因為如果真的，那地球上應該全是多細胞生物。單細胞生物這種東西，應該一個也沒有才對。然而，至今地球上仍是單細胞生物比多細胞生物多得多，這是什麼道理？

目前，在地球上，直立、用兩條腿走路的生物，只有人類。但是，如果不一定是直立的話，很多動物，像：猴子、人猿，也能用兩條腿走路；在樹上用兩條腿走路的猴子或人猿就很多。然而，就在七百萬年前，牠們其中之一，開始了直立兩足行走。若真是這樣的話，那就不是非我們人類不可。也有可能是其他猴子或人猿完成這樣的演化。所以說，演化也是要看機緣的。

第十章 人類容易難產的理由

膽小的蝙蝠與骨盆的形狀

很久很久以前，獸族和鳥族發生了戰爭。一旁觀戰的蝙蝠，眼看獸族要勝了，就跑到獸族那邊，說道：「你看，我身上也有毛，所以我是獸族的一分子。」但是，當鳥族快要勝時，牠又跑去鳥族那邊說：「我有翅膀，所以我是鳥來著。」

這是被稱為〈膽小的蝙蝠〉的伊索寓言故事。說蝙蝠膽小、卑鄙什麼的，似乎過於嚴苛。不過，這不是我們的重點……。

這故事的重點在於，演化不會從無到有，去創造新的東西，通常它都是把既有的稍作修改後再利用。不僅如此，既然這東西已經存在，它就不會讓它只發揮一種功能。所以，同樣都是蝙蝠，它可以活得像獸，也可以活得像鳥。

不過，我們好像很容易忘記這件事。看到蝙蝠以獸的形態活著，我們就只記得牠是獸的樣子，卻忘了牠也可以用鳥的型態活著。

回到正題，人類是直立兩足行走的動物。因此，我們身上有很多方便直立兩足行走的特徵，就舉兩個最有名的例子來做說明吧。

其中之一是骨盆的形狀。人類的骨盆生得左右長、上下短，當我們把腳打直、腳掌外八時，大腿會向外轉開，這個動作稱為「外轉」。相反地，把打開的大腿往內夾的動作則稱為「內轉」。而幫助大腿往外轉開的肌肉群，也被稱為「深層外轉肌群」。

外轉肌群的功能，牢牢地把大腿骨和骨盆綁在一起。黑猩猩的骨盆是上下長、左右短，而人類的骨盆則是上下短、左右長，也就是我們骨盆左右兩邊凸出的部分（髖骨），都會被外轉肌群牢牢地箍住。你可別小看了外轉肌群，它可是一個能不能把路走好的重要關鍵。

例如，當我們要往前走，把左腳跨出去時，此時左腳離開地面，身體只靠右腳支撐，身體便容易往左偏而摔倒。為了避免這種情況發生，右邊的外轉肌群會瞬間收縮，讓右邊的骨盆往下降，藉由反作用，使左邊的骨盆往上提，於是，左腳就抬起來了。順道一提，當我們站起來時，寬扁的骨盆就像是個盆子在下面接著內臟，因此也有保護內臟的功用。

不僅如此，人類的骨盆上下距離短，對直立兩足行走也有幫助。骨盆是由好幾塊骨頭組合而成的，密實結合成塊，幾乎不會鬆動（但懷孕末期，骨盤前側的骨頭會鬆開彼此，好讓產道變大）。因此，無法活動的骨盆若是變得扁平的話，那脊椎能動的空間就較大。直立行走必須保持身體的平衡，若是脊椎能活動的空間比較大，也會方便許多。換句話說，扁平的骨盆有助於保持身體的平衡。

此外，為了讓雙腳直立便於行走，其第二特徵是「膝蓋的形狀」。膝蓋是連結大腿與小腿的部分，大腿內是一根大腿骨貫穿其中，小腿裡則有脛骨在內側及腓骨於外側平行支撐，不過人的體重主要還是靠內側脛骨支撐。

由正面看去時，多數動物的腳是往正下方伸長，其大腿及小腿都是延伸自身體的正下方，呈直線連結。然而，我們的大腿卻不同，它是微微向內側伸展，而小腿卻垂直向正下方延伸。因此，大腿內的大腿骨與小腿的外側腓骨，兩者會變成有斜度的連接。於是，從正面看我們的兩腳併攏時，是成Y字型的。

這也是兩腳直立步行時發揮功效的特徵。比如說，當我們左腳踏出時，左腳會離開地面，我們的身體就全靠右腳支撐。這時候要是右腳在身體的正下方或在近距離，身體就不至於會傾斜。我們的左右兩腳間的鼠蹊部距離較大，而雙腳膝蓋以及兩腳尖的間距較小，重心較穩定。因此，腳尖向前移動時就可以直直往前移動，縱使兩腳直立行走，身體也不至於左右搖晃，而能夠很順暢地行走。

南方古猿的腳印

如前所述，調查骨頭的化石，在某種程度上，確實可以推測出古人類的走路方式；不過，畢竟有其極限。由於腳印可說是動作的化石，假若有腳印的話，更可以跨越極限加以佐證。

人類最古老的腳印，是於坦桑尼亞的拉多里（Laetoli）被發現。由於只有腳印，因此無法判定牠是哪個人種。不過，差不多在同一時期，出現了阿法南方古猿（**Australopithecus afarensis**）的化石；因此，這個腳印很有可能是阿法南方古猿的。雖然這個說法不是所有學者都贊同，但我們姑且先這樣認定，好進行以下的討論。

阿法南方古猿，是生活在三百九十萬年前～兩百九十萬年前的人類。第九章曾提到的始祖地猿，約生活在四百四十萬年前，因此，牠是比始祖地猿更現代的人類。

從腳印來看，阿法南方古猿的走路方式，跟現代的我們並沒有太大的差異。牠同樣是腳跟先著地，大腳趾和腳掌用力往下踩後，腳才離開地面。而且，牠也是直線地往前進。不像人猿走起路來會左搖右擺的。

再看看我們現代人走路的姿態便可發現，假如我們彎曲著膝蓋走路，踩下去的腳印在腳尖的部分會比較

在坦桑尼亞拉多里找到的人類足跡化石的複製品（提供：Momotarou2012）

深。不過，拉多里的腳印卻是腳尖和腳跟的部分一樣深。這樣的足跡，只有打直膝蓋走路才辦得到。因此，科學家認為，阿法南方古猿已經完全直立兩足行走了。

那好，我們再來調查阿法南方古猿的骨頭。牠的膝蓋和骨盆又長得如何呢？膝蓋下方，也是斜斜地連著脛骨和腓骨。換句話說，阿法南方古猿的兩條腿也是呈Y字型，這讓他走路時身體不至往左右傾斜。不僅如此，牠的骨盆比我們的還扁平，似乎更適合直立兩足行走。

難不成人類的直立兩足行走，在阿法南方古猿時，就已達到了巔峰，然後才慢慢地越來越退步？其實，我們比阿法南方古猿更不會走路？為了思考這一點，讓我們從不同的角度來觀察骨盆吧？

為何人類容易難產

每當古代人骨被發現，專家只消看一眼他的骨盆，就知道他是男是女。而且，我們一直認為，男女的骨盆本來就不一樣。女人要生孩子，骨盆的形狀當然會與男人的不同。但是，跟我們一樣都是胎生的哺乳類，牠們的骨盆，就沒有雌雄或公母的差別呢！

如果天生能順產的話，就算要生孩子，也不需要特殊的骨盆。偏偏，我們人類是哺乳類中最難產的物種，所以必須在骨盆上多下點工夫才行。

我們容易難產的理由有兩個，一是因為直立兩足行走。要做到直立行走，必須保持身體的平衡。因此，我們的脊柱（脊椎）雖然從正面看是垂直地面的，從側面看卻是呈現S曲線。但是，其他像猴子或人猿類的脊柱是向後隆起的大圓弧，並不是S曲線。

我們的脊柱，在腰際部分（即子宮後面）是往前凸的，往下（位於產道後方）則又相反地往後彎。所以，當人類母體要生下胎兒時，身體必須也呈現如此的S形曲線。這便是為什麼人類容易難產的原因。

而且，因為我們直立行走的緣故，內臟會被重力下拉而往下墜，如果什麼都不做的話，它就會穿過骨盆腔，掉到下面去。因此，為了不讓內臟掉到骨盆腔下，肌肉必須十分發達。但這樣強健的肌肉在生產時，又會變成另一種阻礙。

人類的腦袋天生較大，要通過產道十分不易。因此，胎兒的頭太大，也是難產的原因之一。

如前面所述，阿法南方古猿已經是直立兩足行走，因此，牠跟我們一樣，都有因為軀體彎曲和肌群強韌而難產的問題。不過，阿法南方古猿的腦容量只有四百五十CC，不是很大（人類的約有一千三百五十CC，黑猩猩的則是四百CC左右）。因此，阿法南方古猿在生產時，就不會有因為胎兒的頭形過大而難產的問題。

當然阿法南方古猿多少也還有其他難產的問題，只不過由於胎兒的頭形小，就算難產也不會太嚴重。如此說來，骨盆在演化時，就不需要特別針對難產去做處理，只要考慮怎樣做，對直立行走有利就行了。所以，演化起來應該會比較自由，更有發揮的空間。

不過，若是胎兒的頭變大了，就另當別論了。阿法南方古猿的骨盆前後比較短，因此，骨盆腔呈現扁平的橢圓形，換作是人類胎兒的頭，肯定沒辦法通過吧？

因此，相較於阿法南方古猿的骨盆，人類的骨盆左右稍微短一點，前後卻拉長了。若是由上往下看，阿法南方古猿的骨盆腔是橢圓形的，人類的卻接近圓形。這樣的話，人類胎兒的大頭也可以有驚無險地通過骨盆腔了。

或許有人會認為幹嘛如此費事；盡量讓骨盆變大不就好了嗎？如此一來，不但外轉肌群更有空間可以依附及活動，也能使直立兩足行走更加平穩。骨盆腔變大更可以避免難產。簡直就是一石二鳥呀！說得很有道理，可偏偏事情沒有那麼簡單。

當我們走路時，骨盆會在同一個平面上活動。一會兒是右邊的骨盆向前，一會兒是左邊的骨盆向前。骨盆變大的話，前後扭動起來會更花力氣，這樣就走不快了。因此，若要快走或跑步的話，還是小一點的骨盆會比較好用。因此，不可能無限制地讓骨盆變大。

魚與熊掌不可兼得

骨盆的演化必須顧全大局，直立兩足行走也好，方便生產也罷，這些

（恐怕除此兩者以外，還有很多變動因素）都是要好好思考的事。若是一點點改變對直立兩足行走好，卻對生小孩不好，那到底是要演化，還是稍微演化，還是完全不演化？只能隨機應變了。

一種性狀本來就不會只對一種情況有利，它必須對許多情況都有利。但在此同時，也可能對其他的許多情況是不利的。因此，若只從某個角度去看演化，是看不清全貌的。

那到底我們跟阿法南方古猿，誰比較會走路？阿法南方古猿的腳比手短，所以牠不可能在地面上跨大步地走路。況且，跟人類相比，牠的腿骨顯得纖細且脆弱，不像是很能走路的樣子。還有，牠的大腳趾也不像我們完全正對著前方。

此外，阿法南方古猿的大腳趾不像黑猩猩，與其他四趾分得那麼開，走起路來應該不會成為太大的阻礙，但牠終究只能有點斜斜地往前步行。所以，阿法南方古猿的直立行走應該優於始祖地猿，卻遜於我們人類吧。

不過，望向我們的骨盆，就忍不住覺得人類的直立行走似乎也好不到哪去。但仔細一想，骨盆的作用又不是只有直立行走。除了生小孩之類的事情外，骨盆肯定還有許多其他的作用。

話又說回來了，跟直立兩足行走有關的特徵，也不是只有骨盆。例如：腿、腳……等，一堆特徵都跟直立兩足行走有關。看事情不能只看一面，否則只是盲人摸象而已。

第十一章　物競天擇，或是絕滅？

人與馬的馬拉松賽跑

位於英國東部的威爾斯，從一九八〇年起，每年都會舉辦人與馬的馬拉松競賽。全長三十五公里的路程，幾百個人和幾十匹馬一起跑，看誰先抵達終點。

當然，距離短的話，根本不用比，肯定是馬獲勝。不過，如果路途長的話，就另當別論了。人與馬的馬拉松賽跑，每年的競爭都很激烈，不過，通常獲勝的都是馬，不是人。然而，就在人馬馬拉松大賽舉辦了二十五年的二〇〇四年，第一次由人獲勝了。一位名叫修．洛比（Huw Lobb）的人類，以兩小時五分十九秒的成績，比馬快了近兩分鐘到達終點。是的，這個比賽告訴我們，人類是有可能跑贏馬的。

不過，這個比賽對馬不太公平，因為人是自己跑，馬卻要駝著人跑。但不管怎麼說，馬居然跑輸了人類，這著實令人震驚。

鹿或牛等大多數哺乳類，如果長時間奔跑不停，體溫就會升得太高，接著便是再也跑不動。當然，這與牠們身上有層毛相關，但汗腺不發達才是最大的原因。

相對地，我們人類不僅體毛少，還可以藉由排汗讓身體降溫。所以，我們的體溫不太會上升，適合長距離奔跑。事實上，除了人以外，還有一種動物能藉著大量流汗讓身體降溫，那就是馬。

2006 年舉辦的人馬馬拉松大賽（提供：Jothelibrarian）

因此，若讓人類和其他動物進行馬拉松比賽，唯一的勁敵恐怕就只有馬了。人不光能跟跑力持久的馬較勁，偶爾還能獲勝。換句話說，馬以外的其他動物，在長距離賽跑上，根本不是人類的對手。

人類擅長「追逐」

走路和跑步是兩回事。人類從什麼時候開始走路的呢？恐怕要從人類誕生的七百萬年前開始算起。不過，開始跑步要在很久之後，可能要到直立人（**Homo erectus**）的時代，人類才開始跑步。直立人是生活在距今一百九十萬年前～十萬年前的人類。

生活在四百四十萬年前的始祖地猿，應該還不會跑步。因為牠的腳趾頭太長，不方便跑步，而且拇指和其他四指是分開的，跑起來很容易勾到東西。

生活在三百九十萬年前～兩百九十萬年前的阿法南方古猿，腳趾就短多了，拇指和其他四指也沒分得那麼開。照理說，牠應該能夠跑步。不過，阿法南方古猿的臀大肌（對跑步很重要的臀部肌肉）並不發達，加上體毛還很濃密，一跑起來，體溫就容易上升。所以，就算能跑，也不常跑吧！

再看直立人。直立人的腳趾頭短，拇指和其他四指是並排的。再者，直立人的臀大肌也很大塊；此時，為了跑步時能調節體溫，體毛變少的機率也很高。

根據遺傳學的研究，人類的膚色變黑，應該是在距今的一百二十萬年前。一旦體毛變少，皮膚就會直接照射到紫外線。於是，為了保護皮膚，身體的黑色素（**melanin**）會增加，使皮膚變黑。因此，科學家認為，人類皮膚變黑的時期，應該跟體毛變少的時期是一致的。只是，這樣的推論太過草率，所以我們就不要太執著於年代。只要知道人類的體毛變少是在直立人的時代就可以了。

不僅如此，對跑步來說非常重要的器官——半規管（**semicircular canals**），直立人（和智人）的都比阿法南方古猿的還大。半規管位在頭蓋骨中間的空洞裡，這可從化石上得到驗證，它位於耳朵後面的中耳區，主管平衡感和旋轉感。恐怕直立人和我們一樣，為了有辦法跑步，會讓頭保持在一定的高度。相形之下，半規管不發達的阿法南方古猿，一跑起步來就搖頭晃腦的，恐怕要跑得好也很難吧！

是的，從直立人之後，人類開始會跑步了。我們雖然不擅長逃走，卻很擅長追趕。因為我們人類對短跑不行，長跑卻很在行。如果，我們被獅子或鬣狗追著跑的話，幾乎沒有逃命的機會。就算我們用盡全力奔跑，大部分肉食動物還是可以用兩倍以上的速度，追趕上我們。

但，若是換成人類去追趕其他動物，就另當別論了。的確，不管牛還是鹿，全力奔跑起來，速度都比我們還快。因此，剛開始，牠們肯定一下子就把我們甩在後面。不過，牠們無法長時間一直全力奔跑。所以，不管逃得再遠，只要我們還看得到牠們，就追得上牠們。不，就算看不到也沒有關係，不是有腳印嗎？沿著腳印，總有一天我們能追上牠們。

長跑的話，人類甚至可以跑贏馬。所以，不像馬那麼會跑的牛和鹿，只要我們鍥而不捨地追蹤，一定可以獵捕到牠們。讓牛或鹿一直跑，跑到牠們累死了、心臟麻痺了，我們就有豐盛的大餐可以吃了。

懶惰的直立人

直立人的腿比之前的人類長，臀部肌肉也比較發達。換句話說，他們的骨骼和肌肉非常適合跑步。然而，關於這一點，有人對達爾文的「物競天擇說」提出了質疑。

骨骼和肌肉的形狀或大小，不光由遺傳來決定。像運動選手的肌肉，經常使用它，它就會發達；而長時間臥床，身體不動，不常使用肌肉，它就會萎縮，而造成骨質疏鬆、骨質密度降低。

因此，直立人演化出適合跑步的身體，或許是因為擁有利於跑步的基因，但這只是理由之一；經常從事跑步行為，應該也算是原因吧？

假設有一個懶鬼直立人，從小就討厭跑步，連站起來都懶，每天都在地上打滾，就近找草地的果實吃。這名懶鬼直立人在自然選擇的作用下，會演化成怎樣呢？因為他都在地上打滾，所以應該不會發生有利於跑步的突變，而這個突變也不會普及開來。倒是，心臟變小的突變有可能普及開來。反正他又不運動，擁有強壯大顆的心臟也無用呀！然後，他的腿骨會變細，肌肉也不可能發達。

因此，就算週遭的環境都一樣，懶惰的直立人和喜歡跑步的直立人，也會走上完全不同的演化道路，對吧？

於是，某位英國學者提出了以下類似的主張，而且還有許多人贊同她——

當行為產生變化，方便做出這個行為的基因將會朝著有利的、且會不斷增加的方向前進。因此，演化會因為生物所採取的行動而改變方向。

但是演化並不如同達爾文所說的，由於「同一物種內的個體差異（變異）已經存在，再藉由物競天擇，使有利的變異被保留下來」是好戰的、被動的。反而是和平的、主動的，因為「行動決定了演化的方向」。

物競天擇的真相

我們來探討一下——是不是達爾文真的錯了呢？

關於達爾文的演化論，世人經常有兩個誤解：一、它是「好戰的」；二、它是「被動的」。因此，雖有和平演化論或主動演化論的說法，但這樣的誤解就永遠存在。

首先，認真思考，我們會發現「主張一」是對的，但「主張二」就沒那麼準確了。

讓我們先舉個例子：森林裡有鹿，草原上有馬，各自擁有生活的棲地，所以馬和鹿不用為了搶奪地盤而爭鬥。這樣的話，達爾文所說的物競天擇還會發生嗎？當然會發生！物競天擇不代表一定要流血，相互爭鬥才叫做物競天擇。

假設某種生物的每對夫妻，平均只能生下兩個孩子，這樣的生物肯定會滅絕。為什麼呢？因為你無法保證兩個孩子都能平安、健康地長大。如果其中一個因為生病或意外而早夭，那下一代的個體數勢必減少。長此以往，這個物種早晚會滅絕。所以，為了彌補因早夭而減少的個體數，必須多生幾個小孩才行。

這也是為什麼所有生物都拼命繁衍後代。假設所有孩子都能順利長大，這些孩子再生下小孩，個體數就會不斷地增加。不過，地球的空間和資源是有限的，也就是說，地球會進行總量控管，超出總量控管的個體，會被剔除。

再用大風吹的遊戲來做比喻。地球上的椅子數是固定的，肯定會有搶不到椅子的個體出現。因此，只要後代子孫的數量多於椅子，就算只有一個，物競天擇都會發生。

物競天擇就好比地球上的大風吹遊戲，所有生物都必須參與，無人能倖免。如果有不需參與天擇的生物存在，地球早就被牠塞爆了。因此，沒有不需要參與天擇的生物，也沒有不用考慮天擇的演化論。

其實，物競天擇雖用了「競爭」二字，卻一點也不血腥。達爾文也擔心物競天擇的字眼，會讓人覺得很血腥，因此曾多次強調：「物競天擇只是個比喻。」他寫的書《物種起源》就曾描述，快樂唱歌的小鳥之間也有天擇。

看到生物相安無事地各自生活在自己的棲地，我們就以為物競天擇不會發生。其實，天擇正在發生。怎麼說呢？所謂物競天擇，指的是「生物會早夭」這件事。就像前面所言，「世上沒有那種大家都能活到壽終正寢的生物」，這種生物要嘛不是滅絕，要嘛就是無限量增加，反正它是不可能存在的。

對達爾文演化論的誤解

關於達爾文的演化論，世人有個大誤解就是：演化是被動的、缺乏主體性的。事實上，當聽到「為了適應環境，生物開始演化」的說法，我們很容易就認為演化是被動的。然而，實際的狀況是演化方向可能會因為生物的行為而改變；所以，這意味著生物是可以主動改變演化方向的。這樣的話，達爾文的演化論就有問題了。

但是，達爾文也說了，演化有可能是因為同一物種的子孫，其多樣化的行為，在不同地域擴展而形成不同的演化。而且，他也認為這個跟物種形成（種化）有關。因此，他也認為行為有可能改變演化的方向。

不管是環境產生變化，還是身在其中的生物產生變化，只要演化的生物本身的行為產生了變化，大自然就會從這些已存在的變異中選出有利的，並把它擴展出去。而這正是達爾文的中心思想：物競天擇。

因此，「行為會改變演化的方向」這件事，不過是達爾文所說的「自然選擇」的一種型態，可以說它已經被涵蓋在天擇說裡了。

直立人適合跑步的身體構造，得自於「遺傳」和「跑步的行為」這兩者的共同努力。然後，因為跑步的行為，人類的演化有了很大的改變。跑步，為人類開啟了經常吃肉→營養充足→腦容量增大的康莊大道。

第十二章 一夫一妻不是絕對

人類從人猿分支出來的理由

據推測，人類從黑猩猩系統分支出來，應該是在七百萬年前左右。有人主張，分支的理由是因為人類的配偶制度，變成一夫一妻制的關係。不過，關於這個說法，下面類似的反論可說是層出不窮，例如：

「人類的本質是一夫一妻制？打死我都不相信。因為，男人只要花心一點，就可以誕下更多子嗣，所以，一夫多妻才是根本的道理。而且，直到現在都還存在非一夫一妻的社會，不是？」

這樣講好像也沒錯。但是，這個反論似乎也有問題，那就讓我們來探討一下吧。

我們先從一般的說法看起：「分雌、雄兩性的生物，雄性能製造大量的精子，雌性能生下的小孩卻很有限。因此，雄性必須盡量跟雌性交配，這樣才能誕下更多的子嗣。」到目前為止，這樣的說法都沒錯。不過，接下來：「所以，一夫多妻才是基本道理。」的結論就不對了。

若真是這樣，那地球上所有分雌雄的生物，經過自然選擇之後，全都要一夫多妻才對。但，事實並非如此，可見生物的行為並沒有那麼單純。

我們再來看人類之所以跟其他人猿分支，是因為一夫一妻制的配偶制度的說法，是否正確。

人類和黑猩猩最大的不同有兩個：一是直立兩足行走，二是犬齒變小。從化石記錄來看，這兩個特徵幾乎是同時演化的。大約是在七百萬年前，也就是人類與其他人猿分支的時候。因此，是這兩個特徵催生了人類這個物種的可能性非常高。

直立行走一直被認為有數不盡的好處，其中一個就是「可以把手騰出來，搬運食物」。不過，在人類之前，直立兩足行走的演化始終沒有發生；這是為什麼呢？恐怕是因為直立兩足行走會拖慢奔跑的速度吧！手再能搬又怎樣？如果搬到一半，因為跑得慢而被吃掉的話，豈不是得不償失。如此一來，總覺得是壞處多過好處，所以演化才沒有發生。

不過，地球有史以來，在人類的身上，頭一次發生了直立兩足行走的利大於弊，好處多過壞處的事情，於是才有了直立兩足行走的演化。而這樣的改變，很有可能與人類犬齒變小有關。

為何獠牙不見了？

巨大的犬齒，俗稱獠牙。人類的祖先原本是有獠牙的，是演化到了人類才消失不見的。

那麼，在思考為何獠牙會不見之前，我們先想想為何獠牙要存在。黑猩猩有大獠牙，但它跟狼或獅子的獠牙是不一樣的。雖然，黑猩猩會攻擊體型小的猴子，並且吃掉牠們，但是，在黑猩猩的飲食中，肉類占的比例並不多，牠們主要還是以果實等植物為食。即便如此，黑猩猩依然擁有巨大的獠牙，所以這對獠牙，可能不是為了捕食獵物而存在的。

黑猩猩的群體是多夫多妻制。群體之中，有多位雄性和多位雌性，共同組成雜交的社會。因此，為了爭奪雌性，雄性之間勢必展開鬥爭。此時，獠牙就派得上用場了，而且用獠牙把對方殺死也不足為奇。

想想，因為人類沒有獠牙，所以，每次看電視劇都覺得殺人犯很辛苦。他得用手槍、利刃、花瓶什麼的，來把對方殺死，不像黑猩猩，直接用咬的就行了。

那麼，人類的獠牙為何不見呢？製造巨大的犬齒（獠牙），要比製造小的犬齒更花力氣；因為更花力氣，所以得吃更多的食物。因此，如果用不到的話，那把犬齒縮小會是比較省事的做法。換句話說，在自然選擇的作用下，不常用到的犬齒會逐漸退化、縮小。

於是，我們可以推測，人類很少用到獠牙，恐怕是因為他們很少為了雌性而大打出手吧？相較於黑猩猩，人類是更溫和的生物。順道一提，前述的始祖地猿或阿法南方古猿等早期人類，也都是吃素的。因此，卡通畫的原始人揮舞著大骨頭，把獵物敲昏的情景，是不可能發生的。

那麼，為什麼人類的雄性不會為了雌性而爭鬥呢？難道雄性與雌性的關係發生了變化？

現存的人猿中，紅毛猩猩和大部分的大猩猩是一夫多妻制，少部分的大猩猩和黑猩猩、矮黑猩猩，仍是多夫多妻制的群體。一夫多妻或多夫多妻的社會體制下，雄性不太可能不為了雌性而爭鬥。因為誰都想要取得與雌性交配的機會，好繁衍自己的後代。

相對地，一夫一妻制的社會，雄性為了雌性而爭鬥的事件，就會減少很多。因此，約在七百萬年前，人類建立了一夫一妻的社會。於是，雄性之間的爭鬥少了，犬齒也就退化、縮小了。不僅如此，就連為何開始直立兩足行走也說得通了。

直立兩足行走與中間社會

我們前面說過，直立兩足行走雖有「可以把手騰出來，搬運食物」的好處，卻也有「跑步速度變慢」的壞處，而且，因為壞處大過好處，所以在人類之前，直立兩足行走的演化一直沒有發生。不過，如果配偶制度變成一夫一妻的話，「有手搬運食物」的好處就會變大，足以彌補「跑步速度變慢」的缺點。在此情況下，直立兩足行走的演化就會發生了。

我們再想想，人類若能用手搬運食物，誰是受益者？當然，是搬運食物的本人。在地上發現了食物，總不好慢條斯理地撿食，肯定是要拿著食物，躲到安全的樹上再吃，畢竟若是碰到肉食性動物可就糟了。

不過，除了搬運食物的人，還有一個受益者，那就是有人幫忙把食物搬到面前的人。比方說小孩，他們很難自己去找食物。因此，若有人把食物搬來，他們也會是受益者。至於，受益有多大，就要看配偶的制度了。

在人猿的群體裡，假如有一頭雄性突然發生了變異，開始直立兩足行走，這名雄性因為兩手空了出來，可以把食物送到雌性或孩子的面前，於是，比起沒有人送食物吃的小孩，牠的孩子存活率會高出許多。換句話說，有人送食物，會提高小孩的存活率。

這個道理，不管對多夫多妻、一夫多妻或一夫一妻來說，都是一樣的。但，接下來就不一樣了。首先，一夫多妻制時很難想像雄性會幫忙帶孩子。因為孩子太多了，育兒的責任全交給了雌性。所以，這邊我們就把一夫多妻制的情況去除，只討論多夫多妻制和一夫一妻制吧！

在多夫多妻制裡，雄性搞不清楚哪個是自己的小孩，因此，直立兩足行走搬來的食物，有可能不是給自己的孩子食用；也就是說，平均下來，自己的小孩和別人的小孩在存活率上並沒有差別，繼承自己基因的後代子孫，並未比其他人容易存活。在此情況下，演化為直立兩足行走的意義不大，所以直立兩足行走的演化就可能不會發生。

如果是一夫一妻制，雌性是唯一的配偶，她生的小孩百分百是自己的；也就是說，因為直立兩足行走搬來食物而提高存活率的孩子，百分之百是自己的，所以，繼承自己基因的後代，比較容易存活下來。在此情況下，開始直立兩足行走的個體就會增加。於是，直立兩足行走的演化就發生了。

是的，假設人類社會本是一夫一妻制的前提下，直立兩足行走和犬齒變小這兩個特徵，就都可以得到充分的說明。但是，支持這個說法的證據都是間接的。不過，瑕不掩瑜，它仍是很有力的說法，這點無庸置疑。

只是，就算這個說法是正確的，也很難想像初期人類所建立的社會，會是完全的一夫一妻制。一部分的個體，或是在某段時間，才組成一對一的配偶，這樣的中間社會比較合理。

不過，就算不是百分之百一夫一妻制的社會，直立兩足行走的演化也會發生。只要自己的孩子能比其他人的孩子更容易活下來，哪怕存活率只高出一丁點兒，直立兩足行走的演化都會發生。我們很容易用「二分法」去想事情，總以為不是黑就是白，但其實有很大一塊是模糊的中間地帶喔！

所謂人類的本質

古希臘哲學家柏拉圖曾提出一個術語：理型（idea）。譬如：三角形。在我們的觀念裡，三角形是用三條直線圍起來的圖形，但其實，這樣的東西是不存在的。就算我們在紙上畫出三角形，它也不是真正的三角形。

直線這東西本來就沒有粗細，但畫在紙上的直線卻有粗細。而且，畫在紙上的直線若放大一點，仔細瞧，就會發現那並不是直的，是歪七扭八的。這樣的三條線圍在一起就是三角形？笑死人了。令人遺憾的是，現實世界裡，只有這樣不完美的三角形。至於完美的三角形，要到別的世界才找得到。這個類似完美三角形的東西，就叫做「理型」。

在這一章的最前面，我們曾提到一個反論：「人類的本質是一夫一妻制？打死我都不敢相信」的說法。的確，說到人類的本質，就好像在講理型這樣的東西到底存不存在。不過，人類真的有所謂的本質嗎？

印象中，本質應該是某種不變的東西。就算外表改變了，內在、根本是不變的，這才叫做本質。不過，生物的身體一整個都演化了。換句話說，所有部分都會產生變化。因此，認真說起來，生物的身體並沒有不變這回事。

沒有不變這件事，但總有不容易改變的事吧！例如：DNA，被做為遺傳基因，已經持續使用將近四十億年。這樣的東西，應該夠資格稱得上是本質吧……。但是，一夫一妻制是否也能稱為人類的本質呢？

前文已說過，人類因為發展出一夫一妻的配偶制度，而跟其他人猿分道揚鑣，踏上屬於自己的演化道路，這樣的可能性非常高。不過，就算這個說法是正確的，那也已經是七百萬年前的事了。經過了七百萬年，很多事情都已改變，滄海桑田、物換星移，也不是不可能的事。

尤其是配偶制度，一夫一妻、一夫多妻、多夫多妻，這些更有可能產生變化。比方說，大猩猩就分成西部大猩猩和東部大猩猩兩種，而東部大猩猩又分出東部低地大猩猩和山地大猩猩兩個亞種。東部低地大猩猩是一夫多妻制的群體，但山地大猩猩卻是多夫多妻制的群體。所以說，就算屬於同一物種，配偶制度也會因為棲地的不同而產生變化。那麼，七百萬年的人類歷史中，曾出現各色人種，他們的配偶制度產生變化也就不足為奇了。

因此，我們其實無法保證一夫一妻制是人類不變的本質。就算「因為變成一夫一妻的配偶制度，人類才從其他人猿分支出來」的說法是正確的，那也只能說明初期人類是行一夫一妻制，卻不能同理可證地套用在現代人類身上。

所以，實際的情況，到底如何呢？

與人猿做比較

讓我們再拿人類與人猿做比較，看人類是否適合一夫一妻制。首先，是體型的大小。

一夫多妻的大猩猩或紅毛猩猩，雄性的體型會比雌性的大上許多。就體重來說，雄性大猩猩幾乎是雌性大猩猩的兩倍。多夫多妻的黑猩猩或矮黑猩猩，雄性的體型會比雌性的稍微大一點。至於一夫一妻的長臂猿，兩者的體型則差不多。人類的話，男人平均會比女人稍微高大一點，近似黑猩猩或矮黑猩猩。換句話說，我們屬於多夫多妻的體型。

接下來，再看睪丸的大小。相對於體型而言，黑猩猩或矮黑猩猩的睪丸非常大；據說，這跟雌性得在一定時間內盡量跟雄性交配有關。雌性同時跟好幾名雄性交配，於是，在她的體內，這些雄性的精子就會展開競爭。此時，當然是精子數量多的比較有利，所以睪丸就朝變大的方向演化了。

相形之下，一夫多妻的大猩猩，睪丸就小很多。雄性大猩猩雖然跟很多雌性大猩猩交配，但它的精子卻不用跟其他精子競爭，睪丸自然不用很大。然後，一夫一妻的長臂猿的睪丸也很小。至於人類的睪丸，介於中間值，但還是偏小。因此，從這點來看，我們可能是一夫一妻、一夫多妻，卻絕對不會是多夫多妻。

不過，總結來說，光靠這些訊息，要判斷人類適合哪一種婚姻型態，似乎挺困難的。

難產與社會性分娩

那麼，我們跟早期的人類做比較好了。我們跟早期人類，可有哪裡不一樣？

直立兩足行走和犬齒變小，是人類共同的特徵，早期人類如此，我們智人也是如此。但腦容量的大小，就相差很多了。早期人類的腦容量大概是四百CC，跟黑猩猩差不多。不過，我們的腦容量卻有一千三百五十CC，是黑猩猩的三倍以上。若說早期人類與我們的最大差別，那非大腦的容量莫屬。然後，因為腦袋變大，配偶制度也有可能跟著改變吧？

因腦袋變大而產生的演化特徵之一，便是難產。難產在第十章就已經講過。簡單來說，人類自從站起來、用兩條腿走路後，就開始有些難產，然後，隨著大腦變大，難產就更嚴重了。人是所有哺乳類裡面，最容易難產的一個物種。

人類是從什麼時候開始難產的，不得而知。大約生活在四十萬～四萬年前的尼安德塔人可能就發生難產狀況，這一點在化石上已經證實了。另一個說法是，根據骨盆的形狀，早在直立人（約一百九十萬年前～十萬年前）的時代，人類就開始難產了。總之，我們智人於三十萬年前誕生在非洲時，就確定是難產的了。

人類因為容易難產，所以分娩時必須有人陪在身邊，以前的產婦都是由媽媽、姊妹或親族的婦女陪伴在身邊，現在大都是到醫療院所，由醫護人員陪同生產。是的，分娩時有人在旁邊助產的社會性分娩，不光是一種文化，可能是延續了幾十萬年的生物學現象。

就說日本獼猴好了，牠們是蹲著分娩的。為的是借用地心引力把小孩生下來。而且，胎兒要離開產道時，它的臉是正對著母親；因此，母親直接蹲著，伸手抓住胎兒的頭，把它從產道拉出來就可以。然後，一等胎兒出來，她就可以馬上把它抱在懷中餵奶。

相形之下，人類的分娩會比日本獼猴艱辛許多。所以，就會更想要用手把胎兒自產道拉出來。不過，人類胎兒出來時，臉是背對著母親的，如果母親去拉胎兒的頭，就有可能不小心折到它的頸部，而發生危險。所以，必須有人幫忙接生。然後，這個人再把胎兒交到母親的手上，母親才得以將胎兒抱入懷中。

這樣的生小孩方式，已經跨越文化差異，是屬於生物學的；也就是說，不分種族，只要是人都一樣。因此，有人助產的社會性分娩，有可能早已施行了幾十萬年。

人類的小孩最難照顧

是的，這樣出生的小孩，是我們人類獨有的大特徵。而且人類的小孩非常脆弱，就算生下來之後，還是需要長時間的細心照顧，否則便難以存活。

此外，人類短時間內就可以生下一胎。脆弱的嬰兒不會只有一個，可能同時有好幾個。因此，光靠母親一人是不可能照顧得來的。

像黑猩猩，就不可能有年頭一個孩子，年尾又有一個孩子。黑猩猩的每胎間隔約五～七年，哺乳期更長達四～五年。這段期間，育兒的工作全落在母親身上。母親一人，不可能同時照顧好幾個還在喝奶的孩子，所以，必須等到上一個孩子斷奶了，才能懷下一個小孩。因此，牠們每胎的間隔很長。其他人猿的每胎間隔也很長，大猩猩約四年，紅毛猩猩則是七～九年。

反觀人類與人猿就不同了，分娩完後，經過數月，就可以懷孕。人類的哺乳期只有二～三年，比較短。不僅哺乳期較短，哺乳期間還可以繼續生下孩子。因此，年頭一個孩子、年尾一個孩子並不稀奇，一堆兄弟姊妹年齡相近，也很常見。

不過，這麼多小孩，母親一個人不可能照顧得來。況且，人家人猿的小孩，比如黑猩猩，只要斷奶就能馬上獨立生活，但人類的小孩就不是這樣。從斷奶到獨立，需要很長的時間。這段期間，還是需要人照顧。容我再強調一次，光靠母親一人是照顧不來的。

於是，人類必須一起養育小孩。父親就不用說了，祖父母或其他親人也都會提供協助，就算沒有血緣關係的其他人，來幫忙帶孩子也不足為奇。所以，幼兒園這種東西不是現在才發明的，早在遠古時代人類就已經這麼做了。

關於這點，有所謂的「祖母假說（**grandmother hypothesis**）」。多數靈長類的雌性，一直到死前才停經，生育期跟壽命幾乎是同時結束。只有人類，就算停經了、沒有生育能力了，還能活上好長一段時間。有人說，這是因為共同養育後代所形成的演化特徵。光靠母親一人照顧不來，但若有祖母幫忙的話，小孩的存活率就會提高。因此，人類的女性在停經之後，還能繼續活下去，是演化給祖母們的福利。畢竟，在所有動物中，人類的小孩最脆弱，也最需要照顧。讓祖母活久一點，才能提高人類的競爭力呀！

動物之所以演化到一夫一妻制，大都是因為育兒很辛苦、母親獨力照顧不來……等因素。很明顯的，我們滿足了這許多條件。所以，我們才演化成一夫一妻制。

此外，人類斷奶斷得早，可能也是演化造成的，為的是讓母親以外的人也可以幫忙照顧小孩。餵奶只能由母親或其他能哺乳的女性來，一旦孩子斷奶後，托誰都可以照顧了。這樣父親陪伴小孩的時間也會變長，於是，就更朝向一夫一妻的制度邁進了。

不過，我們是群居的動物，照顧小孩未必得靠父親幫忙。生過小孩的女性長輩、兄弟姊妹、親戚都可以。就算這樣，有父親總比沒父親好。所以說，人類應該是逐漸、緩慢地演化到一夫一妻制的。

我們不適合一夫一妻制？

以前的生活很單純。冷了，只能點個暖爐。熱了，只能吃冰消暑。不過，隨著時代的推移，生活變得越來越複雜。冷了，我們可以點火爐、開暖氣、鋪地暖。熱了，可以吃冰、開冷氣、噴水霧。不僅如此，冬天因為室內實在是太溫暖，冰棒還賣得特別好。

以前的生活單純，沒什麼好選擇的。不過，生活變複雜後，我們的選項就變多了。就算面對同樣的環境，我們做出的反應表現在行為上，也會變得彈性許多。甚至，乍看之下，互相矛盾的行為也都會出現了。

人類的腦容量變大後，行為變得更加複雜，這點是可以肯定的。行為的選擇變多後，我們在面對各種配偶制度時的彈性也變大了。所謂耳濡目染，在一個地方生活久了，慢慢地我們也能習慣當地的配偶制度。

人以外的動物，比方說一夫一妻的動物，如果硬逼著過上多夫多妻的生活，肯定會適應不了。不過，要是我們的話，就算一開始會覺得有點困惑，但是突然從一夫多妻的文化圈搬到多夫一妻（雖然少之又少）的文化圈，人類也是能活得下去。

我們人類住在世界各個區域，每個區域的配偶制度都不一樣。有一夫一妻、一夫多妻、多夫一妻，也有多夫多妻。人類的行為有彈性，不管怎樣的配偶制度應該都能適應。但現存最多的，還是一夫一妻制。照顧小孩很辛苦，讓人類逐漸往一夫一妻制的演化邁進。或許是因為這樣的演化傾向，導致了人類的一夫一妻，但文化方面的影響也不容小覷。這也是為什麼雖然有各種配偶制度存在，但一夫一妻制卻占了絕大多數的原因。

但是，有人還是認為人類不適合一夫一妻。因為人類太花心、太常出軌了，名義上的父親並非生物學上的父親，是常有的事。

親生父親另有其人，實際上，這樣的比例會有多高？如果根據DNA所做的親子鑑定報告，那比例可嚇人了。不過，這應該不準吧，畢竟會去做親子鑑定的人，本來就是懷疑小孩非自己親生的人。

因此，從遺傳性疾病的角度切入，去做調查，可能會比較準。小孩會有遺傳性疾病，是因為從父親處繼承了疾病基因，但偶爾會發現父親並沒有那樣的基因。這樣的比例大概是一～四％。相形之下，這數字就沒有那麼聳動了。

最終章　為什麼我們會死？

細菌活了四十億歲

古代的生物除非外力介入是不會死的。但，我們人類卻一定會死。這是什麼道理呢？

所謂「不會死的古代生物」，指的是像細菌這樣的生物。當然，當環境變差或意外發生，細菌也會死。不過，若是環境合適的話，只要一直進行細胞分裂，它們就永遠不會死。

有人說，細菌經細胞分裂後，一分為二，就是從母細胞變成兩個子細胞，而子細胞是不同於母細胞的個體，母細胞也已經不存在了。不過，就算這樣，母細胞也不算「死了」。

所謂「死」這回事，指的是「細胞中發生的化學反應等活動全部停止，經分解後，還原成泥土或空氣」。因此，根據這樣的定義，細菌永生不死的可能性是存在的。

地球上生命的最早證據，是三十八億年前的岩石。當然，生物的出現還要在更早之前，粗估至少在四十億年前。如果四十億年前就有細菌的話，那現在還活著的細菌不是已經有四十億歲了嗎？換句話說，細菌是沒有壽命的。只要不斷進行細胞分裂，就可以永無止盡地活下去。

壽命是演化的產物

話說，我們人類是有壽命的。最近，在世界的許多地方，平均壽命都大幅延長了。但另一方面，人類最長壽命的紀錄卻沒有什麼變化。法國人珍妮．卡爾門（**Jeanne Calment**）活了一百二十二歲，是非常真實的紀錄。基本上，我們人類壽命的上限也就在那邊了。就算生活的環境再好、再優渥，也不可能讓人永遠不死。

古代的生物沒有壽命。但隨著演化的發生，有壽命的生物出現了。換句話說，壽命這種東西，很有可能是演化製造出來的。結果，就是現在的生物分成了會死和不會死兩種。

大腸菌是一種細菌，只要營養等條件適合，每二十分鐘就可分裂一次。照這種速度分裂下去，只要兩天，大腸菌的重量就會超過地球的。當然，這種事不可能發生。為什麼呢？因為大部分的大腸菌都會死掉。

假設，你向神明許願：「神啊，我不想死。拜託，讓我變成大腸菌。」這種事就算神明答應你，恐怕你也無法如願。因為大部分大腸菌都是一出生就死掉了。就像剛才所說的，如果不這樣做的話，地球會到處都是大腸菌。所以，就平均壽命來說的話，我們還比大腸菌長壽呢！

地球的空間有限，能夠容納的生物同樣有限。因此，地球必須實施總量控管。超出總量控管的生物雖然可憐，卻還是得死。的確，類似大腸菌的細菌，是有可能長生不死。但這畢竟只是極少數，大部分的細菌都是一下子就往生了。

那麼，可有什麼方法讓大家都不要死，永永遠遠地活下去呢？

生物的奇點早已出現

其實，確實有方法可以讓大家長生不死，永遠活下去——不要分裂就好了，或是，不要生小孩就好了。不要分裂、不要生小孩，個體數就不會增加。個體數不增加，地球就不會超載。那麼，大家就可以長長久久地永遠活下去了。

你、你的親友，甚至與你不相干的陌生人，大家都能壽與天齊。不過，此時大家可要說好了，誰都不能生小孩，這是最低限度的約定。生了小孩，人口就會增加。活著的人不死，小孩又一直增加，地球總有一天會超出負荷。不過，仔細一想，不生小孩換得永恆生命，好像也不太可能。

大約在四十億年前，地球某個地方的有機物撞成一塊，於是形成生物……。而讓有機塊變成生物的，正是自然選擇；如果自然選擇沒有發揮作用，碰在一塊的有機物很快就會消失，不可能逐漸形成更複雜的生物。

是自然選擇，讓牠們適應了環境，變成不易消失的有機塊；是自然選擇，讓牠們終於變成了生物。是的，讓有機物變成生物，更讓生物適應環境境、得以生存下來的力量，這世上只有一個，那就是「自然選擇」。

岔開正題一下，現今社會拜**AI**人工智慧（**Artificial Intelligence**）所賜，奇點（**Singularity**）這個詞已廣為人知。人工智慧不斷發展，活躍於社會的各個領域。於是，開始有人擔心：工作機會可能被人工智慧搶走，人工智慧的能力勝過人類，科技奇點即將到來之類的。

奇點是由英語翻譯過來的詞，意思是「一切規則都失效的時間點」。具體來說，指的是「當人工智慧能夠自行創造出比自己更強的人工智慧的時候」。所以，人們擔心的是，一旦科技奇點到來，人類可能會因為人工智慧而滅亡。

假設人工智慧真能創造出比自己更強的人工智慧；那麼，新的人工智慧又會創造出比自己更強的人工智慧。於是，在一代比一代強的情況下，過不了多久，比人類還聰明的人工智慧就會出現了。此時，比我們聰明百倍的人工智慧，會怎麼處置我們人類呢？因為不知道，所以更令人覺得不安。

回到主題，其實，在生物界，奇點早就出現了。生物界的奇點，指的是自然選擇開始運作的時間點。在自然選擇發揮作用之前，只有略顯複雜的有機物反覆地生成又消失。不過，自然選擇開始運作後，有機物的構造突然變複雜、具有功能性，也更能適應環境，然後，生物就誕生了。

生物出現後，自然選擇仍持續運作著。因此，即使環境改變，滄海桑田，生物仍毫不間斷地在地球生存了四十億年。所以，就算是為了生物的誕生、為了生物的持續存在，自然選擇都是必要的。

死亡使生物誕生

自然選擇擁有能讓「適應環境的個體」增加的力量。但，這種事要發生，必須讓「不適應環境的個體」死亡。適不適合環境，是相對的，不是絕對的。自然選擇做的，是讓「比較適合環境的個體留下，而不適合環境的個體死亡」。

因此，為了讓自然選擇持續運作，生物必須不斷死亡。但就算不斷死亡，也不會滅絕，因為生物在同時必須進行細胞分裂或繁衍子孫。

所以說，若世上真的存在那種壽與天齊、永遠不死的生物，那自然選擇就不會作用在它身上。自然選擇不發揮作用，促使生物適應環境的演化就不會發生。於是，熱也好、冷也好，地面隆起變成山也好，地面沉降變成海也罷，大家始終一樣，毫無改變……，但這樣的生物是適應不了環境的，最終還是只有滅絕一途。你看，就連可能永遠活著的大腸菌，遇到環境惡劣也會死掉，不是嗎？

不死，自然選擇就無法運作。自然選擇不運作，生物就無法誕生。換句話說，有死才有生。沒有死，生物不可能活上四十億年。是「死亡」讓生物誕生，生物永遠都別想跟它撇清關係。其實，演化還真是殘酷的東西。

結語

數日之前，我與數十年不見的高中同學聚會，得知了一條大八卦。聽說某人之所以考上某大學的醫學院，是因為受到了我的言語刺激。

「你這小子，絕對考不上〇大醫學院！」

高中時代的我，好像是這樣對他說的。於是這位同學便想：竟敢小瞧我？我一定要考給你看！

有這回事？我完全不記得了。但既然對方都這麼說了，應該是真的吧？

正所謂：「打人的忘記了，被打的卻牢牢記得。」就是這麼回事。人類的記憶，碰到對自己不利的事，通常會選擇性地忘記它。畢竟，確實是自己說了不該說的話，做了對不起人的事。

但話說回來了，如果那位同學真的是因為我的譏諷，而發憤圖強考上了大學，那反而是好事一樁呀。正所謂，事情總有好的一面，也有壞的一面。

最後一章，說到是「死亡」使生物誕生。換個說法，就是所有生物都要參加物競天擇。正如第十一章所說的，必須有物競天擇，自然選擇才會啟動。也就是說，必須有較不適應環境的個體死掉，才能讓能適應環境的個體增加。

不過，雖說是物競天擇，卻不是非鬥個你死我活不可。事實上，為了不死所採取的行動，亦即為了要活下去所採取的行動，都算是物競天擇。天冷快要凍僵了，為了讓自己溫暖一點而摩搓兩手生熱，這也是物競天擇呀！

舒適晴朗的春日午後，飛過樹梢的小鳥們愉快地唱著歌。你說這些小鳥在幹嘛？……當然在從事物競天擇囉。

微風吹過草原，牛吃著牧草。牠與森林裡的動物棲地分開，悠閒地生活著。你說這些牛在幹嗎？……當然也是在從事物競天擇呀。

當醫師的病人得了不治之症，醫師盡全力醫治他，但最後還是沒能把他救活。你說這個醫師和病人在幹嘛？……他們當然也在進行物競天擇。

活在有限的地球上，就好像參加大學聯考一般。若要自己能活，就必須有人得死。大學的入學考試不也是這樣嗎？我及格了，你就得落榜。

只要地球的空間有限，就免不了物競天擇。我們看見了一片祥和的風景，就以為物競天擇不存在，但其實物競天擇一直都在，隨時隨地都在發生。

而這所謂的物競天擇，正是啟動自然選擇的必要條件。小鳥擁有能飛上天空的翅膀，牛有適合在草原上奔跑的蹄子。這些都是自然選擇創造出來的。因此，這些翅膀、蹄子，是物競天擇一直都在的最好證明。

或許你覺得「為了生存而競爭」聽起來有些可怕。那換成「愛惜自己的生命」，怎麼樣？雖然感覺不一樣，但其實意思是一樣的。

你怎麼看小鳥飛繞樹梢、微風吹過綠色草原的演化？是愛惜自己生命的和平演化，還是互相鬥爭的殘酷演化？不管你怎麼看都是正確的。這只是看的角度的問題，其實事情並沒有改變。

我的那位同學如果真的是因為我的一句話而考上大學，那這句話雖然不中聽，卻也激勵到他呀，不是嗎？同樣一句話，可能因人因地而有完全不同的解讀。但它始終還是那一句話。

話說，地球不見了，你必須搬到其他星球居住，你前往「宇宙一家親」尋求協助，這時你心裡的OS是：

「開什麼玩笑，你知道我是誰嗎？我是人類，地球上最偉大的人類！」

但，人類並沒有特別偉大，也沒有特別卑微。其他的動物也是一樣的。偉大或卑微，這只是看的角度的問題，實際上，東西還是同樣的東西，並沒有改變。

人類不過是生物的某個物種。不過，因為大腦比較大的關係，讓我們很容易自視甚高，覺得自己與眾不同。這種看東西的角度，常常讓我們看不清自己，也看不清其他的生物。

但話說回來了，要看清楚事情的原貌，哪有那麼容易？因為你將被迫看到殘酷的現實。法國文學家羅曼・羅蘭曾說：「看到真面目後，你還能愛她，是需要勇氣的。」這句話套用在演化的身上，真是太貼切了。

最後，我想對多方給我建言的NHK出版的山北健司先生，引導這本書往好的方向發展的夥伴們，以及最重要的、閱讀這本書的讀者諸君，表達由衷的感謝，謝謝你們！

二〇一九年九月　更科　功

文經社
文經文庫 329

殘酷的人類演化史：適者生存，讓我們都成了不完美的人

作　　者　更科 功
譯　　者　婁美蓮
責任編輯　謝昭儀
封面設計　詹詠溱
版面設計　羅啟仁
內頁排版　極翔企業有限公司

副 總 編　鄭雪如
主　　編　謝昭儀

出 版 社　文經出版社有限公司
地　　址　241 新北市三重區光復一段 61 巷 27 號 11 樓之 1
電　　話　(02)2278-3158、(02)2278-3338
傳　　真　(02)2278-3168
E－mail　cosmax27@ms76.hinet.net

印　　刷　永光彩色印刷股份有限公司
法律顧問　鄭玉燦律師

發 行 日　2020 年 12 月初版　第一刷
定　　價　新台幣 380 元

Original Japanese title:ZANKOKU NA SHINKARON

國家圖書館出版品預行編目 (CIP) 資料

殘酷的人類演化史：適者生存，讓我們都成了不完美的人 / 更科功著；婁美蓮譯 . -- 初版 . -- 新北市：文經社，2020.12
面；　公分 . -- (文經文庫；329)

ISBN 978-957-663-791-9 (平裝)

1. 人類演化

391.6　　109016431